U0344366

岭南文化读本

陈建文　主编

司徒尚纪
许桂灵　编著

岭南海洋文化

LINGNAN
HAIYANG WENHUA

SPM
南方传媒　广东省地图出版社

·广州·

图书在版编目（CIP）数据

岭南海洋文化 / 司徒尚纪，许桂灵编著．—广州：广东省地图出版社，
2023.8
ISBN 978-7-80721-872-2

Ⅰ．①岭… Ⅱ．①司… ②许… Ⅲ．①岭南—海洋—文化研究
Ⅳ．①P7-05.

中国国家版本馆CIP数据核字（2023）第147609号

LINGNAN HAIYANG WENHUA
岭 南 海 洋 文 化

司徒尚纪　许桂灵　编著

出 版 人：李希希

策划编辑：钟睿祺
责任编辑：张超荣
装帧设计： 琥珀视觉
责任校对：蒋美秀
排　　版：古若琪　黄子岸　余春吟

出版发行：广东省地图出版社
地　　址：广州市水荫路35号（邮政编码：510075）
电　　话：（020）87768354（发行部）
印　　刷：广州市人杰彩印厂
开　　本：787毫米×1092毫米　1/16
印　　张：13.25　　字　　数：310千字
版　　次：2023年8月第1版
印　　次：2024年2月第1次印刷
书　　号：ISBN 978-7-80721-872-2
定　　价：62.00元

岭南文化读本

主　编　　陈建文

副主编　　崔朝阳　王桂科

前　言

　　21世纪是海洋世纪，开发海洋时代，一个发展海洋经济的高潮正席卷而来。在这个背景下，世界临海国家纷纷制定海洋开发战略目标，调整自己的产业结构和布局，实施发展海洋经济的对策和措施。我国作为一个海洋大国，更不甘后人，2003年5月国务院在《全国海洋经济发展规划纲要》中就指出："海洋蕴藏着丰富的生物、油气和矿产资源，发展海洋经济对于促进沿海地区经济合理布局和产业结构调整，保持我国国民经济持续快速发展具有重要意义。"在这个纲要指引和鼓舞下，沿海各省区闻风而动，纷纷提出、制定开发海洋、振兴海洋的战略或口号，形成向海洋进军的时代潮流，浩浩荡荡，不可逆转。然而，众所周知，任何经济的发展都必须得到文化的支持，文化软实力在当代社会经济发展中正彰显着巨大的作用。具有高度综合性和高科技含量的现代海洋产业的发展，更离不开海洋文化的支持。实际上，海洋经济与海洋文化的发展，相辅相成，相互激荡。但作为文化先导，应有超前意识、超前行为，既要为海洋经济发展鸣锣开道，奔走呐喊，大造声势，更要为它提供海洋科技、制度和精神文化的强大基础，保障海洋经济沿着正确的、可持续发展的道路前进。但不尽如人意的是，我国方兴未艾的海洋开发事业与海洋文化研究之间尚有很大的距离，后者的成果甚为寥落，与海洋经济的辉煌成就相比，显得苍白、寡血，使人心感苍凉。基于时代在呼唤着开拓海洋文化研究，笔者不揣海洋知识浅陋，海洋文化积累欠充，作了海洋文化研究尝试，以期跟上海洋时代前进步伐，回应时代的呼唤。南海是我国最大的海区，我国人民特别是岭南人民自古开发、资仰于南海，创造了以海洋经济为重要内涵的南海海洋文明，彪炳中华文明史册。岭南文化最重要一个文化特质和风格就是它的海洋性，这主要是指"以海为商"所产生的各种文化成果。自古以来，岭南人早就假道海洋，迈出国门，走上与世界各地区、各民族交往的道路，吸收海外先进文化，滋润、壮大自己，形成远胜于内陆的海洋文化风格。恰是得益于这种文化风格，岭南特别是广东才在近现代中国历史上表现得有声有色，对推动中国历史前进做出重大贡献。海洋波涛汹涌，变幻莫测。要超越海洋，深入海洋腹地，就要有冒险心态，不惜以生命为代价的价值观，以及敢于面对大海、挑战大海的大无畏精神。岭南商帮、华侨，甚至妇女，自古远涉鲸波，远走南洋、欧美、大洋洲等地谋生，航行到商业利润所在一切地方，由此形成商品价值观念、交换观念、竞争观念等深入民心，崇商性也就成为岭南人民最本质的一个文化个性。在当代改革开放，尤其是经济全球化和空间一体化背景下，广东特别是珠江三角洲经济崛起全国，并成为世界经济转移和对外辐射的一个中心，其深层根源即在于岭南文化所蕴含的文化崇商性。由此带来的社会经济效应，也是举世瞩目、有口皆碑的。古代有广州为"天子南库"之称，当代有"东西南北中，发财到广东"之谚，这实为海上贸易给广东带来财富、繁荣与文明，其中也包括岭南人的海洋文化品格。德国哲学家黑格尔在《历史哲学》中说中国没有海洋文化，没有分享海洋所赋予的文明，仅从南海海上丝绸之路历史，就可驳倒其悖论不足取，但也说明，海上贸易确是海洋文化一个最主要内涵。而岭南商品生产和交换也主要是借助于南海通道进行的，由此孕育、发展起来的海洋文化的潜质和优势，无论在过去还是在当代，已成为岭南地区社会经济发展一种强大动力和支柱。这对在当前社会转型、世界产业转移背景下，借助南海海洋文化的优势和作用，有效地促进地区社会经济发展，在区域和全球性竞争中立于不败之地，具有非常重要的意义。基于这种认识，本书在探讨海洋文化基本理论及其与岭南文化关系的基础上，着重阐述"以海为田"南海海洋农业文化、"以海为商"南洋海洋商业文化、南海海神崇拜、海洋社会群体疍民文化，以及以海洋为对象的南海海洋文化艺术等，包括它们各自兴起、发展历史进程、文化景观、文化特质和风格、空间分布、历史地位和影响等。笔者希望借助于这个写作架构和体例，提供南海海洋文化的纵横剖面，作为海洋文化的理论建设和开发利用南海海洋资源的决策参考，但能否达到目的，有赖读者鉴别和评判。海洋文化在我国是一个新兴研究领域，南海海洋文化研究也还很薄弱，有大片处女地在等待着她们的拓荒者们来开垦。笔者希望作为其中一员，为此竭尽绵薄之力。由于笔者海洋科学知识不足，海洋文化理解差异，以及写作水平限制和时间仓促等原因，相信拙作尚有许多不妥、可议，或谬误、错漏之处，希望读者批评指正，使之至臻完善，是所欣幸。

作　者

2023 年 1 月 30 日

识于广州中山大学望江斋

目　录

一、海洋文化的基本理论

（一）海洋文化的概念

文化是一个内涵很广泛的概念，其界定也是见仁见智。美国人类学家克鲁伯和克罗孔合著的《文化，关于概念和定义的检讨》罗列1871—1951年80年间关于文化的定义至少有164种。[1]后来提出的文化定义也不在少数。不管对文化概念有多少种理解，文化最为通用的概念，是指人类创造的物质财富和精神财富的总和，也包括人类为适应环境所采取的方式。

这个概念用于海洋文化，即是指人类利用海洋资源所创造的物质财富和精神财富的总和，以及人类为适应海洋环境所采取的方式。前者如围垦海涂化荒原为沃壤，变荆棒为稻粱，或围海成塘，放养鱼虾、珍珠，或引海水晒盐，提取各种化学元素，以及利用潮汐、风能、温差、盐度差发电等，都是来源于海洋的物质财富。为了适应海风含盐、风力大等特点，人们采用耐腐蚀材料，建造低矮房屋，在村落周围种上防护林，也属海洋文化概念之内。这些物质层面的海洋文化是可视的或可悟的，或可视又可悟的，具有直观、实在等特点，因而为人理解，是海洋文化最重要的一部分。而同样重要的另一部分，是非物质层面的海洋文化。这其中可分为海洋制度文化和海洋精神文化。前者为监督、管理好海洋资源和环境而采取的带有强制性、普遍性的政治制度、法律制度和各种法规、条约等。如我国的领海制度、海商法、毗连区法以及《联合国海洋法公约》所规定领海、公海、大陆架、专属经济区、领海基线等一系列制度和行为准则等，都是海洋制度文化。人类在认识、开发利用、守卫海洋中形成的各种观念，包括对海洋的宗教信仰、海神崇拜、故事传说、风俗活动、岁时节庆、审美情趣、性格特点、价值体系、艺术作品、科学哲理、伦理道德等，都属海洋精神文化。老少皆知的哪吒闹海、精

1　徐志良：《探索中国走向海洋的文化精神》，载广东炎黄文化研究会、阳江市人民政府编：《岭峤春秋——海洋文化论集（四）》，海洋出版社，2003年，第67页。

卫填海、张羽煮海等，神话色彩甚浓，流传甚广，普遍而富有感召力的妈祖崇拜，属海洋精神文化的范畴。中国海洋大学曲金良教授在其《海洋文化概论》中对海洋文化做了如下定义："海洋文化，作为人类文化的一个重要组成和体系，就是人类认识、把握、开发、利用海洋，调整人和海洋的关系，在利用海洋的社会实践中形成的精神成果和物质成果的总和。具体表现为人类对海洋的认识、观念、思想、意识、心态以及由此而产生的生活方式。"[1]

文化是一个历史范畴，既是时间的投影，也是历史的积淀，所以文化因时而异，即文化具有时代性。大陆文化如此，海洋文化也不例外。一种文化随着时代变迁可能会消失得无影无踪，但也有的会被保留下来，或融合渗透在新诞生的文化之中，形成文化层次结构，如同地层古生物一样，层层积压，呈现文化纵向剖面。对文化的纵向剖析是认识、研究文化发展历史的一种有效的方法，也是研究的一种结果。众所周知的港澳文化，本是岭南文化的一部分，但由于特殊的历史原因，香港、澳门分别被英国、葡萄牙占领之后，西方文化在港澳地区大量渗入、传播，与本土文化交流整合，形成以海洋性为特质的港澳文化。本土文化不是被融合就是作为底层文化沉淀下来，形成西方文化和本土文化的叠加现象。借助于文化剖面分析法，可以分出港澳文化的时代序列，西方文化在上层，本土文化在下层，它们相对应于英国、葡萄牙殖民主义和中国封建王朝对港澳统治的历史。而1997年香港回归和1999年澳门回归以后，内地文化更多地进入港澳，给港澳文化增添了新内地文化色彩。这一文化层次，显然是香港、澳门回归后出现的，是香港、澳门新历史的文化篇章，具有强烈的时代性。港澳文化的层次结构，说明了文化概念的动态性，随时代而变迁。但文化变迁往往滞后于社会经济的变迁。另外，文化各元素的交融和整合，也模糊了彼此的界线。但不管怎样，

---

1 曲金良：《海洋文化概论》，载广东炎黄文化研究会、阳江市人民政府编：《岭峤春秋——海洋文化论集（四）》，海洋出版社，2003年，第68页。

文化的时代差异，是认识文化概念，包括海洋文化概念的一个基本出发点。即文化有时代差异，包括海洋文化在内。不同时代有不同的海洋文化主题，18世纪以前，海洋文化以海产捕捞、海涂围垦和海上航行为主。到宋代尤其南宋，我国海洋文化逐渐以海上贸易为主。在文艺复兴运动的推动下，海上贸易成为海洋文化中一项最主要内容。早期资本主义国家如葡萄牙、西班牙、荷兰、英国等通过海洋贸易崛起，建立海上霸权。同时期明代郑和七下西洋更是成为世界海洋文化史册的大事，只是明清实行闭关锁国政策，海上贸易萎缩，海洋文化发展大受打击，与西方国家比较，相形见绌。当代开发海洋已发展为一项规模巨大、科技含量极高的产业，海洋文化也由此提升到一个更高的发展水平。

同文化的时代差异一样，文化还有地域差异，这是由于文化形成的地理环境不同而产生的。谭其骧教授指出，"中国文化有地区性，不能不问地区笼统地谈中国文化"。[1] 基于此，辽宁教育出版社出版了一套中国地域文化丛书，把全国划分为24种地域文化，属南海周边省区的就有岭南文化、八桂文化、琼州文化等，即为文化地域差异的反映，也说明文化概念共同性存在于这些地域文化的个性之中。诚然，海洋文化的地域性有自己的特点，如何划分海洋文化区，容进一步探讨。但它的地域差异同大陆文化一样，也是客观存在，不容忽视，如渤海海洋文化、黄海海洋文化、东海海洋文化、南海海洋文化等，都各有自己的特质和风格。但海水是流动的，全世界的海洋是一个整体，各海域间非常方便相互交通往来，这决定海洋文化相对大陆文化具有较多的共同之处。一般说来，凡是临近海洋的地区，海洋文化都应为当地文化的主流，但由于种种原因，这也有例外。山东古代渔盐业很发达，但到明前期，由于"海禁"政策，规定片板不许下海，切断了与海洋的联系。至明中叶，山东人甚至不吃鱼，海洋经济式微，海洋文化大为萎缩，山东这时不属

1　谭其骧：《中国文化的时代差异和区域差异》，载《复旦学报》，1986年第2期，第5页。

海洋文化区域。[1]而在同样"海禁"的背景下，广州仍维持了一口对外通商的地位。岭南"山高皇帝远"，沿海的百姓仍冒险出海，从事海事活动，海洋经济和文化从未出现断层，岭南也从来就属海洋文化区域。即使是深处岭南内陆的客家山区，也在明清时期，由于人口激增，土地资源不足，迫使大量人口迁移，一部分人迁往沿海，如台山赤溪、中山五桂山、琼雷沿海、北部湾北岸以及一些海岛（如涠洲岛），在保持内陆文化之同时，也接受海洋文化，从事海洋捕捞、围垦滩涂。另一部分人远走异国他乡，成为华侨，除了在侨居国办实业，也从事海上贸易，实为岭南海洋文化在海外的延伸。留在原地的客家人，不少人从事内陆与海上贸易，是"广州帮"商人集团以外的另一个客家商人集团，在岭南商业史上占有重要地位。这样，客家地区同样可纳入海洋文化的地域范围。

由上述可见，海洋文化的概念离不开特定的历史时空，具有鲜明的时代性和地域性；即使在同样的时空背景下，也由于各地区、各族群对海洋认识、开发利用的程度不同，海洋文化发展水平参差不齐。在岭南，潮汕地区的潮汕人、珠江三角洲地区的广府人对海洋的依赖和利用海洋资源程度远远超过粤东和粤北的客家人，其海洋文化自然要发达些，稳定程度要大些，产生的效应也更为深广。充分认识海洋文化概念的这些特点，对于下面将要论及的南海海洋文化的相关理论和实践问题都是不可或缺的。

（二）海洋文化的研究内容

海洋文化研究的对象是海洋，这个约占地球表面积71%的最大地域单元，它的特性迥异于大陆。著名哲学家黑格尔说："大海给了我们

1　徐晓望：《妈祖的子民：闽台海洋文化研究》，学林出版社，1999年，第19页。

茫茫无定、浩浩无际和渺渺无限的观念；人类在大海的无限里感到自己的无限的时候，他们就被激起了勇气，要去超越那有限的一切。大海邀请人类从事征服，从事掠夺，但是同时也鼓励人类追求利润，从事商业。平凡的土地，平凡的平原流域把人类束缚在土壤上，把他卷入无穷的依赖性里边，但是，大海却挟持着人类超越那些思想和行动的有限的圈子。航海的人都想获利，然而，他们所用的手段却是缘木求鱼。因为，他们是冒了生命财产的危险来求利的。因此，他们所用的手段和他们所追求的目标恰好相反。这一层关系使他们的营利、他们的职业，有超过营利和职业而成了勇敢的、高尚的事情。从事贸易必须要有勇气，智慧必须和勇敢结合在一起。因为勇敢的人到了海上，就不得不应付那奸诈的、最不可靠的、最诡谲的元素，所以他们同时必须具有权谋——机警。这片漫无边际的水面是绝对的柔顺——它对于任何压力，即使一丝的风息，也是不抵抗的。它表面上看起来是十分无邪、驯服、和蔼、可亲；然而，正是这种驯服的性质，将海变成了最危险、最激烈的元素。人类仅仅依靠一叶扁舟，来对付这种欺诈和暴力，他所依靠的完全是他的勇敢和沉着；他便是这样从一片巩固的陆地上，移到一片不稳定的海面上，随身带着他那人造的地盘，船——这个海上的天鹅，它以敏捷而巧妙的动作，破浪而前，凌凌以行——这一种工具的发明，是人类胆力和理智的最大光荣。这种超越土地限制、渡过大海的活动，是亚细亚各国所没有的。"[1]虽然黑格尔在这里否定了亚洲具有海洋文化，但他对海洋文化和大陆文化的区别，海洋文化的本质和内涵是做了深入分析的，故 200 多年来，这个论断被人们反复引用，特别是海洋环境对海洋文化产生的作用和肯定海洋文化的商业性，已成为不刊之论。从这个文化视角来观察海洋文化研究内容，大致可包括如下六个方面：

    1. 海洋文化赖以产生的历史的地理基础

1　（德）黑格尔：《历史哲学》，生活·读书·新知三联书店，1956年，第135页。

恩格斯说："如果地球是某种逐渐生成的东西，那么它现在的地质的、地理的、气候的状况，它的植物和动物，也一定是某种逐渐生成的东西。它一定不仅有在空间中互相邻近的历史，而且还有时间上前后相继的历史。"[1]海洋文化也是如此，与任何一个区域的文化面貌一样，总是由多种多样的元素长期作用形成的。这包括了自然、政治、历史、技术、经济、心理等元素的特定历史迁移的产物。创造海洋文化的主体是人，人主要生活在大陆，所以海洋文化必须以大陆为依托而产生。由此决定研究海洋文化，也必须同时研究大陆环境，而不仅仅是研究海洋环境。大陆与海洋环境的统一或者综合，加之它们各自的历史过程，共同构成了海洋文化生成的历史的地理基础。

2. 海洋文化的经济基础

举凡人类涉及海洋的一切经济活动，都属海洋文化的经济基础，这包括海洋交通、海洋商业、海洋矿业、海洋工业、海洋手工业、海洋渔业、海洋种植业等。[2]海洋文化是在这些经济基础上产生的，但这些经济基础并不等于海洋文化，海洋文化凝聚了这些经济基础的科技成果，是在这些基础上产生的理论总结、规律性升华，更多的具有理性层面的原理、价值等，而不囿于这些产业本身的研究和表达。例如海洋交通作为一项产业，涉及海洋经济众多领域，但从海洋文化立场，只研究与之相关密切的造船技术、航海技术、导航技术以及航线、港口的技术进步水平，反映某个时代海洋交通的科技成果，以有别于海洋交通经济所注重的交通成本、货流结构、经济效益及其分配等。海洋文化与海洋经济活动有联系，但不能取代或混为一谈，否则海洋文化覆盖范围过广，外延过大，也就会失去自己的内涵，故厘清海洋文化概念的内涵与外延，在研究实践上非常重要。众所周知，一个概念的外延越广，它的内涵也就越小。

1　（德）恩格斯：《自然辩证法》，人民出版社，1971年，第12页。

2　徐晓望：《妈祖的子民：闽台海洋文化研究》，学林出版社，1999年，第12页。

3. 海洋文化的社会结构

创造海洋文化的主体是社会人类群体，包括农民、渔民、商人、工人、军人等形成海洋文化的社会结构。他们各有自己的职业、行为、气质、性格等，成为海洋文化重要组成元素。沿海居民"以海为田"，从事海产采集、捕捞或围海涂为田，是海洋农业文化主体；在海上漂泊，以舟楫为宅的海上疍民，生产生活方式皆以海洋展开，婚姻、习俗等都异于陆上居民，文化风貌自成一体；岭南商帮遍设会馆于神州大地，"以海为商"，把生意做遍全世界，成为最富冒险、超越精神文化的一群，并以此区别于徽商和晋商。南海中有些海岛长期为"海盗"盘踞，其中不少是失地农民，无以为生，漂泊岛上，靠打劫往来商船为生。他们桀骜不驯，敢与官府对抗，受中国共产党引导后成为反封建、反殖民主义的坚强力量，他们同样是海洋文化一个载体。举凡这一批涉及海洋的人群，包括他们的社会分层、家庭、家族构成、文化禀赋、生活习俗等，无不彰显着海洋文化品格，都可列入海洋文化研究对象。

4. 海洋精神文化

即指狭义海洋文化，包括人类对海洋的崇奉、海洋神话、信仰、宗教、戏剧、艺术、歌谣、舞蹈等，它们都与海洋文化的传承有密切关系。另外，华侨作为海洋文化一个特殊群体向海外漂泊、开拓，使中华文化特别是岭南文化在海外弘扬、绵延、传播，为中国海洋文化在七大洲取得一定地位做出了积极的贡献。

5. 海洋制度文化

海洋茫无际涯，人类的活动多处于漂流、自由状态，不易约束。海洋生活的这种特殊性对陆地生活提出了更高的管理要求，亟须法律制度加以规范。翻开海洋史，海盗出没，劫掠客商之事史不绝书。时至今日，海盗为祸南海之事亦时有所闻。实际上，在原始资本积累时期，欧洲殖民主义者在亚洲、非洲、美洲洋面上的所作所为，多为海盗行为，几无法律可言。随着海洋在社会经济生活中地位日益凸现，尤其是海底油气资源的发现和开采，海洋权益争端成为当今世界不安的一个根源。1982

年《联合国海洋法公约》通过并实施，该公约中特别是200海里专属经济区的划分，使临海国家在海洋权益上的矛盾和争端日趋复杂尖锐，所以临海国家自定海洋法规与国际海洋法规之间的不整合，更需要通过平等协调方法解决。我国海洋法制的建设严重滞后于大陆法制建设，也同时面临着与国际海洋法的对接等问题，故加强海洋制度文化的研究已迫切地摆在海洋文化研究者的面前。

大海的波涛造就了沿海百姓彪悍的民风。不少志书都说生活在海边的古越人好斗轻生，一言不合，即使父子之间，也拳脚相向。"如有书写到，湛江沿海地区村斗之多，在中国是罕见的。村斗不管出自何因，同姓人都赶来助斗，往往酿成几千人手持凶器，你死我活的大厮杀。造成严重伤亡的村斗，在历史上例不胜举。"[1] 这种现象在沿海地区到今天仍然存在。其深层根源仍是法律意识薄弱所致。

即使在不少政府官员那里，海洋法制意识的缺失或松弛，也较为普遍。古代海上走私犯案的事例甚多，20世纪80年代初，海南岛汽车走私案震动全国。至今这类案件仍不乏其例。基于此，海洋制度文化的研究、教育和普及，实是一项长期、重要而迫切的任务。

6. 海洋文化资源的开发利用

在海洋历史发展的长河中，留下许多宝贵的海洋文化资源，既有物质形态，也有非物质形态，都蕴含丰富的科学、哲学、文学、艺术等价值，可为海洋科技史、海洋自然哲学史、海洋文学史、海洋艺术史研究、沿海城市开发、海洋观光旅游以及其他各项海洋开发事业提供决策上的重要参考。例如：开始对阳江海域出水的宋代古沉船"南海Ⅰ号"的综合研究，就有非同寻常的科学价值；珠海高栏岛宝镜湾摩崖石刻，保留了许多至今未解的古越人活动文化信息，有待人们破译。粤港澳大湾区建设、深圳中国特色社会主义先行示范区建设等，许多

1　廖宗麟：《试论加入WTO后我国海洋文化发展的法制意识趋势》，转见广东炎黄文化研究会、阳江市人民政府编：《岭峤春秋——海洋文化论集（四）》，海洋出版社，2005年，第140页。

人文社会现象都需要从它们的文化海洋性上找根源，而它们的发展规划，更需从它们海洋文化宝库中借鉴经验和教训。至于海洋风光之胜、海洋魅力之强，更是发展海上旅游、振兴海洋产业的有力杠杆。这都展示了海洋文化资源开发利用的潜力非常巨大，前景无比瑰丽辉煌。

（三）海洋文化的特质

文化史专家冯天瑜先生对文化实质或特质有过一段精辟阐述："文化的实质性含义是'人类化'，是人类价值观念在社会实践过程中的对象化，是人类创造的文化价值，经由符号这一介质在传播中的实现过程，而这种实现过程包括外在文化产品的创造和人自身心智的塑造。"[1]简而言之，文化特质是指文化的价值，它一方面体现了自然界在人类创造文化过程中的作用和变化，另一方面也蕴含了人类自身性质、内在特点及其变化，是两者紧密关联和互动的产物。

文化特质的这一界定，用于大陆文化，是大陆自然资源和环境对文化产生的参与，另外更为重要的是人类在其中的能动作用，最后制造出来的文化产品，体现了自然和人类活动的统一。大陆有许多高山深谷，把各个国家和民族分隔开来，在特定环境里产生区域的或民族的文化，各有自己的文化特质和风格，而海洋是没有自然界限，因而是世界性的。福建社会科学院徐晓望先生据此认为海洋文化是世界性的文化现象。[2]倘若如此，则海洋文化的特质也应该是一致的。然而，海洋文化到底要依托大陆而产生，无论大陆或海洋某一部分，都有自己的环境和资源特点，这不能不影响到海洋文化同样有地域个性。但将海洋文化的共同性与其特殊性相比较，前者是第一位。广西民族大

---

1 冯天瑜、何晓明、周秋明：《中华文化史》，上海人民出版社，1990年，第26页。

2 徐晓望：《妈祖的子民：闽台海洋文化研究》，学林出版社，1999年，第16—17页。

学徐杰舜先生把海洋文化基本特征归结为外向性、开放性、冒险性、崇商性、多元性，[1]看来是十分精到的。但恰如郦道元《水经注》曰："水德含和，变通在我。"[2]看来，还应加上一个包容性或兼容性才能全面、系统地反映出海洋文化的特质。

1. 外向性

作为海洋文化载体或者介质，海水永远处于无休止的运动中，处于从不间断的流动中。人类必须适应海洋这种属性来进行创造海洋文化的活动。因海水不停顿地在一个海区与另一个海区之间交换，具有稳定的外向运动特点，所以海洋文化也从它产生的海区或大海边缘向外传播。特别是在交通不发达的古代，海洋是人类往来的重要通道，文化交流借此发生。这比大陆要容易得多，这也决定了海洋文化的外向性特质。

古代孤悬海外的海南岛不但沿岛居民生活资仰于海洋，而且深处五指山区的黎人，也以输出槟榔、椰子作为经济来源。宋人王象之指出："琼人以槟榔为命……岁过闽广者不知其几千百万也。又市舶门曰：'非槟榔之利，不能为此一州也'。"[3]槟榔文化支持了海南经济发展，这种文化完全是外向型的，是海洋文化外向性的一个范例。

2. 开放性

海洋是一个大系统，这个系统下的某个海区、海岛、海湾、海峡、海岸带等都是它的子系统，不但在这些大小系统内不断进行物质和能量的交流，以维持各自的生存、运动和平衡，而且在海洋和大陆之间，也发生同样的过程，舍此海洋文化不能产生，这就决定了海洋文化必

---

1 徐杰舜：《海洋文化理论架构散论》，转见广东炎黄文化研究会、阳江市人民政府编：《岭峤春秋——海洋文化论集（四）》，海洋出版社，2005年，第65—66页。

2 陈桥驿：《郦道元评传》，南京大学出版社，1994年，第87页。

3 （宋）王象之：《舆地纪胜》卷一百二十四，琼州条。转见中国科学院民族研究所广东少数民族社会历史调查组、中国科学院广东民族研究所编：《黎族古代历史资料》（上），南海出版社，2015年，第59页。

定是开放性的。只有依靠这种开放性，海洋文化的结构、功能、景观等才得到不断调整，其文化势能、动能得以消长，产生势位差，形成文化运动即文化交流，产生文化区域效应，推动社会经济发展。海洋文化这种开放性是它优越于大陆文化的特质之一。日本是一个资源贫乏的岛国，完全依赖海外资源、技术等发展起来，海洋文化为其立国之本。20世纪60—90年代的亚洲"四小龙"或为海岛，或为半岛，同样敞开自己的大门，吸纳来自四海的各种资源，充实、壮大自己，在世界经济版图上赢得一席之地。

海洋文化的外向性和开放性是一种事物的两个侧面，外向性必须以开放性为条件才能实现；同样地，开放性的结果必定是外向性的。这两个特质的价值深刻影响着一个国家、一个民族、一个地区对外来文化的态度，也势必影响到自己的发展。在中国历史上，虽然长期实行闭关锁国政策，但岭南却因区位、政策等因素，始终保持对外开放状态，故岭南人早就不断假道海洋，迈出国门，走上与世界各地交往的道路，吸收海外先进文化，滋润壮大自己，形成远胜于内陆的岭南文化海洋性风格。恰是得益于这种文化风格，岭南才在近现代中国历史上表现得有声有色，对推动中国历史发展做出重大贡献。

3. 冒险性

海洋风波险恶，变幻莫测，历来被视为畏途。宋代苏东坡过琼州海峡提到自己渡海的心情"舣舟将济，眩栗丧魄"，[1]直到海上交通颇为发达的明代，进入海南的人"稍有识者，当少知避"，[2]琼州海峡自是一道巨大的障碍。虽然近现代航海技术有所进步，但要超越海洋，仍有许多

---

[1] （宋）赵汝适：《诸蕃志》卷下，《海南》。转见（唐）李白等著：《中国古代名家诗文集·苏轼集》卷二，黑龙江人民出版社，2009年，第628页。

[2] （明）唐胄《正德琼台志》卷四二，《杂事》。转见司徒尚纪：《海南岛历史上土地开发研究》，海南人民出版社，1987年，第217页。

风险，包括狂风恶浪和海盗的剽杀等。在这种海洋环境下创造的海洋文化，冒险是它的一个最普遍、最显著特征。明清时期，海上走私贸易十分兴旺，这些商人集团中实际上有不少人是海盗，他们一方面出于武装自保，另一方面则是为了掠夺。史称明嘉靖年间"闽广徽浙，无赖亡命，潜匿倭国者，不下千数，居成里巷，街名大唐，有资本者则纠倭贸易，无财力者则联夷肆劫"。[1] 鸦片战争以后，"自外夷通商以来，商船大半歇业，前之受雇于访商者，多以衣食无资，流而为匪"。[2] 活跃在南海的著名海盗商人集团之首领就有广东的张琏、陈祖义、林道乾、林凤等。[3] 所以海洋文化的冒险性，就是指在海上活动要有冒险心态，不惜以生命为代价的价值观，以及敢于面对大海、挑战大海的大无畏精神。这不仅体现在古时，而且更延续到了近现代，两广华侨漂洋过海到侨居地开拓、拼搏，都冒着极大的海洋艰险。广东顺德自梳女、三水"红头巾"远涉鲸波，远走南洋谋生，其冒险性丝毫不让须眉，堪为岭南文化海洋性的一个典范。

4. 崇商性

崇商性或曰重商性。黑格尔在《历史哲学》中谈到西方海洋文化，实际就是海上贸易，说中国没有海洋文化，没有分享海洋赋予的文明，也就是缺少海上贸易。这种与事实相反的悖论，虽不足取，但也说明，海上贸易确实是海洋文化的一个主要内涵。海上贸易不仅发生在沿海，而且穿过海洋腹地，抵达远方港口是最富于商业性、冒险性的活动，因而是海洋文化中一个不可或缺的研究内容。岭南人自古以来，从物质形态到精神形态都充分表现出对商品的价值取向。广州是中国历史上历时

1　（明）陈子龙、徐孚远、宋徵璧等选辑：《明经世文编》，卷二八三，中华书局，1962年，第2997页。

2　林增平编：《中国近代史》，湖南人民出版社，1958年，第68页。

3　参见陈伟明：《从中国走向世界：十六世纪中叶至二十世纪初的粤闽海商》，中国华侨出版社，2003年，第17—18页。

最长的外贸中心，唐代有著名"广州通海夷道"；宋代与50多个国家和地区通商；元代与140多个国家和地区通商；明清时形成近乎全民经商狂热。屈大均《广东新语·卷九·事语》说广东"无官不贾，且又无贾不官"，"民之贾十三，而官之贾十七"，"儒从商者为数众多"，"而官之贾日多，遍于山海之间，或坐或行，近而广（东）之十郡，远而东西二洋，无不有也"。[1] 在长期经商中形成的粤商集团，以经营舶来品著称，著名的广州十三行就是一个舶卖洋货之地。改革开放以来，广东商品经济大放异彩，一方面是"广货"节节北上，另一方面大批岭北人南下，形成"东西南北中，发财到广东"的时代潮流，即为岭南海洋文化重商性在当代的一种折射。随着粤港澳大湾区的建设，广东接受世界经济转移和对外辐射的原动力不断增强。

5. 多元性

常言道"海纳百川，有容乃大"。江河与大海对接使海洋能接受多种文化成分，兼收并蓄，融会贯通，形成多元文化特质。岭南文化的海洋性，除了缘于南海海洋环境，主要还有假道南海传播而来的海外印度文化、波斯文化、阿拉伯文化、近世西洋文化等，既互相融合，又和而不同，共生同存共荣，形成一种复合型文化，其多元性佳于内地许多地域文化。北京大学胡兆量教授指出："广东是世界上历史文化十分复杂，因而也是十分典型的省份，加上海南岛，自成一个历史文化区，进行深入研究，十分必要。"[2] 当然，多元性并不是海洋文化所独有的，许多地域文化都有这种特性，但海洋的宽广无涯、江海相通、海水有强大亲和力等性质，却是大陆难以相比的，在此基础上产生的海洋文化更富有多元性也是不争的事实。香港、澳门作为中西文化交流中心，其文化的多元性，既是一个背景，也是这种交流的一种结果，都与它们的海洋文化环境息息相关。

1　（清）屈大均著、李育中等注：《广东新语注》，广东人民出版社，1991年，第267—268页。

2　北京大学胡兆量教授给作者的来信。

6. 包容性

海水有溶解万物的自然属性，且在不停地流动、交换。海洋这种作用可以将不同地域、民族的文化带到海水所到之处让其找到自己的位置，不同文化能够相互容忍、自由地发展，并相互交流、整合，形成你中有我、我中有你的状态，这就是海洋文化的包容性。在岭南文化发展史上，绝少出现因文化特质差异而发生重大冲突、对抗事件，从明末西风东渐时从西方传进被中国北方一些人喻为"奇技淫巧"的科技文化到改革开放以来传进的新鲜事物，无不如此。相反，一些大陆文化，因缺乏包容性而凸显并强化排他性，文化冲突导致政治、军事冲突。中东地区的暴力事件，从深层根源来说，也有文化的包容性方面的原因。

实际上，海洋文化这些特质是一个整体，相互之间不但可以沟通，而且会影响。外向性与开放性的关系如此，多元性与包容性的关系也一样如此。海洋文化主要以海上商业贸易为主，商品生产和流通具有强烈的外向性和扩张性，目的是追逐利润，由此必然要有勇气、有胆识、有谋略去挑战大海，渡过惊涛骇浪，航行到利润所在的一切地方。所以海洋文化的冒险性与生俱来，在商业贸易背景之下，商品价值观念、交换观念、竞争观念等深入民心，崇商性也就成为海洋民族最本质的一个文化个性。

（四）海洋文化与岭南文化的关系

1. 岭南文化属海洋文化范畴

岭南界于山海之间，北有五岭横亘，限制了它与中原北方来往；而南临南海，有曲折绵长的海岸和众多港湾，以及大量岛屿，加之地势自北向南倾斜，河流依此方向入海，季候风也稳定地依季节转换，极利于航行，由此决定岭南对外海上交通比陆上交通要便捷、频繁得多。这种地理环境下形成的岭南文化的海洋性远胜于它的大陆性，可以归属于海洋文化范畴。

2. 海洋文化对岭南文化的历史作用

从先秦新石器时代到秦平古越人之前，大量的贝丘遗址，说明古越族依赖海洋为生，在古越文化内涵的风俗（如断发文身）方面表现出浓厚的海洋性。秦到唐，为汉越文化交融时期，部分古越族汉化，汉人继承古越族文化传统，海上丝绸之路兴起，并走向兴旺，广州成为世界性大港，海洋商业文化崭露头角。宋元汉文化成为岭南文化主体，河口三角洲和海滩大量围垦，表明"以海为田"的海洋农业文化在岭南地位上升；以东南亚、印度洋周边国家和地区为贸易对象的海洋商业文化的兴盛，彰显岭南也具有发达的海洋商业文化。这两种海洋文化形态在明清时发育成熟。当珠三角出现大规模基塘农业，海上丝绸之路延伸更长，形成全球大循环格局。鸦片战争后，岭南文化大量吸收西方先进科技文化成分，成为时代先进文化，在变革中国社会，推动中国历史前进方面做出重大贡献。改革开放以来，广东深深卷入经济全球化时代潮流，海洋文化以崭新姿态和装束，发挥推进这一进程的原动力作用，同时促使岭南文化新陈代谢，发展到自己的巅峰，在某些领域引导全国文化潮流，令世人刮目相看。这些历史过程和结果说明，因为有海洋文化从不间断的参与，岭南文化才不断走向定型成熟，并最终成为以海洋性为主体的地域文化体系。

3. 岭南文化充分具备海洋文化特质

上述海洋文化所具有的外向性、开放性、冒险性、崇商性、多元性、包容性等文化特质，岭南文化都与之一一对应，无不有之，反映岭南文化其实就是一种海洋文化而无其他类型归属。岭南人由此对海情有独钟，如清屈大均在《广东新语·卷十一·文语》中说："凡水皆曰'海'，所见无非海也。出洋谓之'下海'，入江谓之'上海'也。"[1]直至今天，经商称"下海"，已成为流行用语，正说明岭南经济、社会与海洋息息相关。

1　（清）屈大均著、李育中等注：《广东新语注》，广东人民出版社，1991年，第297页。

二、岭南海洋文化产生的地理环境

（一）南海海洋国土的地理区位和范围

1. 地理区位

由于一些传统思想的禁锢，在过去相当长的历史时期内，我国对海洋国土未能引起足够重视，因而我国海洋法制建设工作相对一些沿海发达国家来说起步较晚。1958 年 9 月 4 日《中华人民共和国政府关于领海的声明》作为我国海洋基本性法律。1992 年 2 月 25 日第七届全国人民代表大会常务委员会第二十四次会议通过《中华人民共和国领海及毗连区法》。该法第三条规定："中华人民共和国领海的宽度从领海基线量起为十二海里（22.224 千米）。"第四条规定："中华人民共和国毗连区为领海以外邻接领海的一带海域。毗连区的宽度为十二海里（22.224 千米）。中华人民共和国毗连区的外部界限为一条其每一点与领海基线的最近点距离等于二十四海里的线"。[1] 但这一法律规定的海域范围只是我国海洋国土的一部分。涉及海域范围更广、与我国海洋权益关系很密切的专属经济区制度和大陆架制度等海洋法律法规在 20 世纪 90 年代相继出台，包括 1996 年 6 月 18 日颁布的《中华人民共和国涉外海洋科学研究管理规定》，1998 年 6 月 29 日颁布的《中华人民共和国专属经济区和大陆架法》，以及此前后颁布的《中华人民共和国海洋环境保护法》《中华人民共和国海上交通安全法》《中华人民共和国海洋石油勘探开发环境保护条例》《中华人民共和国渔业法》《中华人民共和国矿产资源法》《中华人民共和国测绘法》等，覆盖了我国领海、毗连区、专属经济区、大陆架等管辖海域，使我国海洋权益的维护、管理有章可循、有法可依，海洋国土得到有效开发利用。

在这里，根据中国科学院、国家计划委员会自然资源综合考察委员会于 1989 年收集整理的《中国国土资源数据集》有关材料，来说明

---

1 《中华人民共和国领海及毗连区法》。转见顾明主编：《中国改革开放辉煌成就十四年·国家海洋局卷》，中国经济出版社，1992年，第468页。

南海海洋国土的地理区位和范围。南海海洋国土全部在我国最大边缘海——南海范围内。南海南北纵长约 2 900 千米，东西稍窄，约 1 600千米，面积为 350 多万平方千米。范围北临广西壮族自治区、广东省、海南省和东海；东至菲律宾；南接印度尼西亚和马来西亚；西临中南半岛和马来半岛。而南海和东海，以广东省南澳岛至台湾本岛南端连线为分界。在我国渤海、黄海、东海、南海和台湾以东的太平洋五大海域的前 4 个海域的 472.7 万平方千米面积中（台湾以东的太平洋海域面积缺），南海占 74%，[1] 是我国最大的一块海洋国土。

南海海洋国土在全国处于特殊位置，基本上位于北回归线以南，直到赤道附近，是全国唯一具有热带海洋特色的海洋国土。除大陆海岸线以外，南海诸岛是这片广阔无垠海洋国土的主要控制点。南海诸岛南起北纬 3° 58′ 的曾母暗沙，北至北纬 21° 04′ 的北卫滩，东起东经 117° 50′ 的海马滩，西抵东经 109° 36′ 的万安滩，跨纬度 17° 06′，经度 8° 14′。按这个控制范围计算，南海海洋国土面积在我国五大海域中首屈一指。

2. 地理范围

根据南海这个地理单元的传统观念，南海海洋国土现在我国行政上分属广东省、海南省和广西壮族自治区以及香港特别行政区管辖。而在管辖范围界线上，因为国家尚未明确划定沿海省区间海域的行政管辖范围，现由各省区自行划定，缺乏一个统一标准；相邻省区间所划定的范围难免相互交叉重叠。此外，南海也是个很粗略的地域概念，谈到南海海洋国土范围，也必然存在与福建省和台湾省的界线问题。这都需要由民政、国土、海洋等有关部门进行调查勘测，以立法形式划定省区之间和各县市之间的海域界线。现在，只能按照各省区自行划定的管辖范围，作为它们的行政界线。

1　中国科学院自然资源综合考察委员会、国家计划委员会自然资源综合考察委员会：《中国国土资源数据集》第一卷，1973 年，第 304 页。

根据 1991 年完成的广东省海洋功能区划工作范围，广东省海洋国土包括海域和陆域两部分：东起闽粤交界的大埕湾，经台湾浅滩、台湾南部海区直到我国与菲律宾的海上分界线处；西从两广分界的英罗港洗米河口经广西斜阳岛东部海区直到琼州海峡广东省与海南省的分界线处；南达北纬 18°。这一界线内的全部海域和岛屿为广东省海洋国土海域范围。而陆域范围从必要依托的大陆沿岸海岸线至向陆约 10 千米的全部陆域。这一范围，也是全国海洋功能区划技术协调小组所指定的广东省海洋功能区划范围，当可理解为广东省管辖的全部海洋国土，面积约 41.93 万平方千米，约为广东省陆地国土面积的 2.3 倍。南海诸岛的东沙群岛包括在这一范围之内。

海岸带作为海洋国土的一部分，其地理区位也是一个经济地理范畴。它是一条由海陆相互作用而形成的独特地带，为人类生活和生产活动提供了丰富的资源和条件。从闽粤交界的大埕湾到广西北仑河口的岭南海岸带，长 6 000 多千米，面向浩瀚的南海，连接太平洋，历来是岭南地区对外联系、发展海洋经济的依托。改革开放以来，这已成为我国对外往来的南大门，是一个对外开放和经济繁荣、产业集中的地带。在这个地带，有广东汕头、深圳、珠海三个经济特区和海南这个全国最大的经济特区，有珠江三角洲经济区，以及广州、湛江、海口、北海等开放城市，再加上香港、澳门这两个特殊经济中心；这个地带更是南海海洋油气开发后方基地。这种特殊的地理、政治、经济地位，无不说明岭南海岸带是外引内联和兴沿海、旺内地的纽带，是一个名副其实的"黄金海岸"。

（二）南海海洋国土的类型与空间分布

海洋国土空间分布，既可按沿海国主权所及范围，包括海岸带、内海、领海、毗连区、大陆架等区域分类，也可按海洋国土自然地理特征，主要是地貌形态分类，加以阐述。但在我国，由于海洋立法尚待进一步完善，虽然 2002 年 2 月 21 日颁布了《国务院办公厅关于开展勘定省、县两级海域行政区域界线工作有关问题的通知》（国办发〔2002〕12 号）和同年 4 月 29 日国家海洋局发布《关于印发〈海域勘界管理办法〉的通知》（国海发〔2002〕13 号），就具体海域勘界工作作出规定，但由于各种原因，海洋国土划界工作实施尚少，何况这次省区际海域勘界，暂不包括香港、澳门两个特别行政区和台湾省，所以目前仍缺乏一套按海洋法制定的完整具体的海区划界方案，故按前一个通知分类反映南海海洋国内空间分布有很多困难。在这里，主要按后一个通知分类，同时结合前者某些规定，说明南海海洋国土空间的分布形态、特点与规律。

1. 海岸带

海岸带是海洋国土与陆域国土的过渡地带，由海陆相互作用而形成，不但自然资源丰富多彩，而且也是人类活动最频繁的地带。尤其是地处亚热带和热带的岭南海岸带，更是一条富饶美丽的金色海岸带。我国于 1980—1986 年进行海岸带和海涂资源综合调查时，规定海岸带的范围是自海岸线向陆延伸十千米，向海延伸至水深十五米。广东历时六年完成这项调查任务。结果求得：广东大陆海岸线长 3 368.1 千米，岛屿海岸线长 1 649.5 千米，总共 5 017.6 千米。大陆海岸线呈条带状自东北向西南展布，介于 18° N～23° N 之间，可分粤东、珠江口、粤西 3 个岸段，分别占总长的 19.5%、11.7%、44.4%。[1]

据 2019 年量算，全国大陆海岸线总长 18 400.5 千米，在拥有大陆海岸线的 12 个省区中（缺台湾省数据），广东海岸线最长，占 22.4%。

2. 岛屿和群岛

岛屿是四周环水并在高潮时高于水面的自然形成的陆地区域。广东

1　广东省海岸带和海涂资源综合调查大队、广东省海岸带和海涂资源综合调查领导小组办公室编：《广东省海岸带和海涂资源综合调查报告》，海洋出版社，1988 年，第 4 页；广西壮族自治区海岸带和海涂资源综合调查领导小组编：《广西壮族自治区海岸带和海涂资源综合调查报告》第一卷，1986 年，前言。

省有海岛 1 963 个，居全国第三。其中面积大于 500 平方米的海岛有 759 个，总面积为 1 472 平方千米，大于 50 平方千米的海岛有 8 个。由于这些岛屿大部分距离大陆都不远，故其经济、国防、旅游等价值很重要，对沿海地区社会经济发展，是一笔宝贵的国土资源。

群岛是指一群岛屿，包括若干岛屿的若干部分、相连的水域和其他自然地形，彼此密切相关，以致这种岛屿、水域和其他自然地形在实质上构成一个地理的、经济的和政治的实体，或在历史上已被视为这种实体。群岛有时也称列岛，因这些岛屿排列有序之故。

南海海域群岛分布在广东、海南和广西三省区，以及香港、澳门两个特别行政区。在广东的有珠江口外群岛和东沙群岛。珠江口外群岛是我国仅次于舟山群岛的第二大群岛，由 150 多个大小岛屿组成：较大的为香港岛、大濠岛、横琴岛、高栏岛、荷包岛、大襟岛、上川岛、下川岛等；较小的岛群有万山群岛、蒲台群岛、担杆列岛等。行政上分属香港特别行政区、珠海市、阳江市等管辖。东沙群岛位于汕头市以南约 260 千米，珠江口东南方约 315 千米，为南海诸岛东北一群，归汕尾市管辖。

3. 河口和港湾

岭南河流众多，仅广东（统计时含海南）就有大小河流 1 343 条，[1] 直接或间接注入南海，形成大大小小的河口，是一部分很重要的海洋国土资源，具有特殊开发价值。从粤东黄冈溪到广西北仑河，以及海南岛四周沿海，都比较均匀地分布着河口区。比较重要的除我国第四大河珠江河口以外，尚有韩江、黄冈溪、榕江、练江、龙江、螺江、赤岸水、漠阳江、鉴江、遂溪河等独流入海的河流入海口。其中珠江有虎门、蕉门、洪奇沥、横门、磨刀门、鸡啼门、虎跳门、崖门八大口门，形成三江来水、八门出海的格局，成为建设港口、布置各种产业开发区的自然基础。

---

1 广东省水利电力局：《广东省水文图集·编制说明》，广东省水利电力局出版，1974年，第1页。

岭南海岸曲折，海水深入陆地，或河流入海口，形成许多港湾。港湾的地理位置独特，具有重要的经济和国防价值，是我国国土的一部分，也是南海海洋国土资源的一个优势所在。据不完全统计，广东省有海湾510多个，其中适宜建港的海湾有200多个。

这些港湾的分布一般来说还是比较均匀的，但由于海岸性质和经济发展历史和区域差异，在珠江三角洲、粤东和琼西北分布较集中。在广东比较重要的港湾有柘林湾、汕头港、海门湾、神泉港、甲子港、碣石湾、红海湾、大亚湾、大鹏湾、伶仃洋、黄茅海、广海湾、镇海湾、海陵港、水东港、湛江港、雷州湾、流沙湾、英罗港等。这些港湾是内陆通向海洋、对外交往的门户，是发展浅海和远洋捕捞以及海水养殖的重要基地，有的还是美丽的旅游胜地。

4. 滩涂

人们通常把可供利用的滨海滩地称作滩涂或海涂。狭义的滩涂是指潮间带，即那些高潮时淹没于水下，而低潮时又露出水面的滩地。广义的滩涂，上限伸展到风暴潮波及的地方，即潮上带，下限可延至低潮面以下若干米的适宜围垦或水产养殖的潮下带。广义的滩涂有泥滩、沙滩（按滩涂组成物质不同）和绿滩、白滩（按有无植物生长）之分。滩涂是一种兼具海陆特点的国土资源，历来是人们围海造田、辟盐场、水产养殖、蓄淡、旅游和科学考察对象，至今更身价百倍，已成为沿海地区脱贫致富的风水宝地。

岭南地区滩涂虽然宽度不大，但由于海岸线曲折绵长，仍有可观的面积。广东省滩涂面积2 114.33平方千米，其中沿海滩涂面积1 717.33平方千米，占全省滩涂总面积的81.22%。

滩涂分布与海岸地形、输沙量、潮汐等因素有关。三角洲前缘分布最广，约占广东滩涂面积的42%，尤以珠江三角洲、韩江三角洲颇为典型；次则分布在海湾里，约占广东总数的35%，较多的有汕头港湾（牛田洋）、大洋湾、镇海湾、水东港湾、湛江港湾、雷州湾等，约30处。这两类分布地区，一般宽1～2千米。平直海岸滩涂面积占广东总数的

23%，[1] 宽度仅为 200 ~ 500 米，粤东海门港至大鹏湾、雷州半岛东西两岸都有分布。

5. 海峡

海峡是位于两块陆地之间、两端与海洋相通的一条天然的狭窄水道。从地理概念上说，海峡是海洋的一部分。海峡作为海洋的咽喉，其巨大的经济意义和军事价值是不言而喻的。琼州海峡、台湾海峡和渤海海峡是我国主要海峡。而琼州海峡与渤海海峡一样，都是我国的内海，即被划入我国领海的直线基线以内，受我国主权排他性管辖，外国船舶未经许可不得进入或穿越。[2]

琼州海峡位于雷州半岛和海南岛之间，大致呈东西方向延伸，长80.3 千米，宽度最大 39.6 千米，最小 19.4 千米，平均 29.5 千米，平均深度 44 米，最深处 120 米。海峡面积 2370 平方千米。琼州海峡内有沙滩、泥滩和珊瑚堆积，海南岛最大河流南渡江经海峡入海，在河口区形成水下三角洲。海峡附近是我国著名的北部湾渔场和清澜渔场。两岸南北还有徐闻等广东主要盐场。

6. 大陆架

地理学或地质学上所称大陆架是指邻接和围绕大陆领土、坡度比较平缓的浅海地带，它是陆地的自然延伸并被海水覆盖的部分。大陆架的平均坡度约为 0° 6′，深度一般不超过 200 米，个别地区有大于 500 米或小于 130 米的，深度在 130 米左右，平均宽度约为 70 千米。1982年《联合国海洋法公约》第 76 条规定："沿海国的大陆架包括其领海以

1　广东省海岸带和海涂资源综合调查大队、广东省海岸带和海涂资源综合调查领导小组办公室编：《广东省海岸带和海涂资源综合调查报告》，海洋出版社，1988年，第349页。

2　1964年6月8日，我国颁布了《外国籍非军用船舶通过琼州海峡管理规则》，其中规定："琼州海峡是中国的内海，一切外国籍军用船舶不得通过，一切外国军用船舶如需通过，必须按照本规则的规定申请批准。"转见魏敏主编：《海洋法》，法律出版社，1987年，第52页。

外依其陆地领土的全部自然延伸，扩展到大陆边外缘的海底区域的海床和底土，如果从测算领海宽度的基线量起到大陆边的外缘的距离不到200海里（370.4千米），则扩展到200海里（370.4千米）的距离。"[1]

依照这一规定，我国可拥有的大陆架和专属经济区的区域达300万平方千米。南海地形比渤海、黄海和东海复杂，平均深度为1 140米，总面积350多万平方千米，大陆架约占海域面积的一半。[2]依此推算，岭南三省区可拥有全国半数以上大陆架面积，这是一笔相当可观的海洋资源。

---

[1] 联合国第三次海洋法会议：《联合国海洋法公约》，海洋出版社，1983年，第56页。

[2] 魏敏主编：《海洋法》，法律出版社，1987年，第182页。

三、岭南以海为田的海洋农业文化

（一）海洋滩涂开发利用

滩涂具有海陆结合自然环境的特点，狭义上的滩涂按物质组成分沙质滩涂和泥质滩涂两种类型。由于南海海岸原始地形弯曲陡峻、深邃，河流大多数独流入海；含沙量和输沙量都很小，外来沿岸流的含沙量同样不多，加上潮汐力弱，沉积泥沙数量也很有限。这决定南海海岸滩涂类型以基岩和沙质为主，泥质所占比重较少，形成的滩涂一般较窄，只在珠江、韩江等较大河流的河口地段，或湛江溺谷湾深入陆地的港湾和潟湖周围，滩涂较宽阔，面积也较大。正因为流入南海河流没有像黄河、长江那样携带多的泥沙，故在南海岸边，看不到像渤海、黄海和东海那样大片宽广的淤泥质滩涂。基于此，南海滩涂开发利用显得特别珍贵，自古以来受到人们重视，当今更备受青睐，正成为沿海地区经济开发的一片热土，由此创造的海洋滩涂文化，其内涵丰富，底蕴深厚，风格独特，饮誉四方。

1. 滩涂采集和养殖

岭南古越人嗜食水产，滩涂采集是获取水产品的简易方式，在南海沿岸新石器时代贝丘遗址中，就有大量蚬、文蛤、牡蛎、蚶、丽蚌、螺、鱼类、两栖类等遗骨遗骸。由此判断，当地居民主要从事滨海采集或浅海捕捞，海产品是他们的主要食物来源。商代，据《逸周书·王会解》载商汤大臣伊尹制定"四方献令"中，有"正南瓯邓……请令以珠玑、玳瑁、象齿、文犀、翠羽、菌鹤、短狗为献"，其中就有南海的海产品贡献中原。在西汉初南越国君赵眜墓中，出土大量今广东地区常见沿海动物骨骸，包括青蚶、楔形斧蛤、龟足以及河口地区淡水生物耳螺、笋壳螺等，即王室成员也以海产品为馔。南越王赵佗贡献给汉王朝的方物中即有紫贝、珊瑚等海产品。葛洪《西京杂记》记汉王宫"积草池中有珊瑚树，高一丈二尺，一本三柯，上有四百六十二条。是南越王赵佗所献，号为烽火树。至夜，光景常焰然。"[1]到晋张华《博物志》说："东

1　（汉）刘歆等撰、吕壮译注：《西京杂记译注》，上海三联书店，2013年，第48页。

南之人食水产，西北之人食陆畜，食水产者，龟蛤螺蚌以为珍味，不觉其腥臊也……"这种饮食习惯一旦形成，推进滩涂开发利用逐渐向深广方向发展。到明清时期，滩涂贝类养殖也很广泛，大量收入地方文献。如李调元《南越笔记》云："东莞新安有蚝田，与龙穴洲相近，以石烧红散投之，蚝生其上，取石得蚝。仍烧红石投海中。岁凡两投两收……谓之种蚝。又以生于水者为天蚝，生于火者为人蚝。人蚝成田，各有疆界，尺寸不踰，踰则争。生蚝之所曰蚝田，生蚬之所曰蚬塘。塘在海中，亦无实土也……广州海中，蚬塘长三百里（150 千米），皆产白蚬。"清屈大均《广东新语·介语》亦多类似记载，并作《打蚝歌》曰：

冬月真（珍）珠蚝更多，渔姑争唱打蚝歌。

纷纷龙穴洲边去，半湿云鬟在白波。

一派滩涂耕海的劳动景观。滩涂较深，收蚝需要特殊的工具：《广东新语·介语》称之为"打蚝之具"，为清初发明，其曰："蚝之具，以木制成如上字，上挂一筐，妇女以一足踏横木，一足踏泥，手扶直木，稍推即动，行沙坦上，其势轻疾。既至蚝田，取蚝凿开，得肉置筐中，潮长乃返。横木长仅尺许，直木高数尺，亦古泥行蹈橇之遗也。"[1]康熙时东莞知县钱以垲撰《岭海见闻》也有类似记载，特别指出："女郎以一足踏横木，一足踏泥……其势轻捷，既至蚝田，凿蚝得肉置筐中，潮长相率踏歌而还。"[2]这种适应滩涂劳动工具，可减轻劳动强度，节约时间，是明清养蚝技术进步的一个主要标志。

此外，岭南养蟮、蚬至迟在明中叶，明嘉靖《广东通志》记"蟮

1 （清）屈大均著、李育中等注：《广东新语注》，广东人民出版社，1991年，第510页。

2 （清）钱以垲撰、程明点校：《岭海见闻》，广东高等教育出版社，1992年，第80页。

大于蚬，土人取小者种之田泥中，长始收用”。[1]《广东新语·介语》条则说："蠔，比黄蚬而大……粤故有蠔田，在粤禺市底之南，春初取小蠔种之，至冬乃取，故曰蠔田。田在咸海中，亦曰蠔塘。"蠔田成为一种专业性生产。蚬塘也一样，仅"番禺海中有白蚬塘，自狮子塔至西江口，凡二百余里，皆产白蚬……蚬子既成，以天暖而肥，寒而瘠。在茭塘、沙湾二都江水中，积厚至数十百丈，是曰'蚬塘'。取之若泥沙、量之以舸艓，以食，以粪田，以壅蔗，以饲凫鸭，其利颇大"，[2]引致当地豪强"擅夺海中深澳以为塘"，从而逼使"疍人佃其塘以取白蚬"，[3]从中进行盘剥。可见这些海滩开发规模和经济效益都很大，否则不至于成为地方势力插手、侵渔的对象。

2. 珍珠采养

以海为田最重要的一项事业是养珠。这项事业自汉代以来时盛时衰，不过历史早期以采集天然珍珠为主，著名"合浦珠还"传说出于北部湾。汉桓宽《盐铁论·力耕篇》说"珠玑象齿出于桂林……一楫而中万钟之粟也"。一棒珍珠抵几万担粮食价值。当地人以采珠为业，以珠换粮，且采珠技术高超。三国万震《南州异物志》说："合浦民善游，采珠儿年十余岁，使教入水。官禁民采珠，巧盗者蹲水底，刮蚌，得好珠，吞而出。"[4]但统治者对采珠，政策时有变动，如"而吴时珠禁甚严，虑百姓私散好珠，禁绝来去，人以饥困……今请上珠三分输二，次者输一，粗者蠲除，自十月讫二月，非采上珠之时，听商旅往来如

1 （明）嘉靖《广东通志》卷二十四，民物志五，土产下。转见颜泽贤、黄世瑞：《岭南科学技术史》，广东人民出版社，2002年，第413页。

2 （清）屈大均著、李育中等注：《广东新语注》，广东人民出版社，1991年，第515页。

3 颜泽贤、黄世瑞：《岭南科学技术史》，广东人民出版社，2002年，第413页。

4 （汉）杨孚撰、吴永章辑佚校注：《异物志辑佚校注》，广东人民出版社，2010年，第209页。

旧"。[1]到唐代，合浦出现人工养珠技术，珍珠养殖与天然采集相结合，不但珍珠产量上升，以致唐政府专门设置珠池和采珠专业户——珠户，实施行政管理，而且珠的技术含量也得到提升。刘恂《岭表录异》载："廉州边海中有洲岛，岛上有大池。每年太守修贡，自监珠户入池。池在海上，疑其底与海通，又池水极深莫测也。如豌豆大者常珠，如弹丸者亦时有得，径寸照室不可遇也……（蚌）肉中有细珠如粟，乃知蚌随小大，胎中有珠。"[2]

南汉刘氏政权对采珠重视有加，设专门监督采珠的"媚川都"，配置兵员 8 000 人（一说 2 000～3 000 人）。宋人王辟之《渑水燕谈录》记"刘铱据岭南，兵置八千人，专以采珠为事……久之，珠充积内库，所居殿宇梁栋、簾箔，率以珠为饰，穷极奢丽"。[3]这个媚川都设于今东莞濒海地方，北宋初诏废，南宋时据方信孺《南海百咏》云："往往犹有遗珠。"[4]到雍正《东莞县志》才说："南汉时邑属大步海有媚川池，产雅嬴珍珠……又县之后海、龙岐、青螺角、荔枝庄一十三处，皆产珠母嬴及珠嬴树。今皆毋之。"[5]

宋代珍珠生产技术已发明用假核人工育珠方法，即以假珠投入大蚌口中，不断换水，经两年，即成珍珠。记载珍珠生产的宋代文献也不少，如蔡绦《铁围山丛谈》、周去非《岭外代答》、范成大《桂海虞衡志》等。《岭外代答》还在《宝货门》下设《珠池》专条，记载采珠危险过

1 中国航海史基础文献汇编委员会编：《中国航海史基础文献汇编》，第一卷·正史卷，海洋出版社，2007年，第166页。

2 吴玉贵、华飞主编：《四库全书精品文存》，第二十七卷，团结出版社，1997年，第86页。

3 （清）吴兰修、梁廷枏辑，陈鸿钧、黄兆辉补征：《南汉金石志补征》、《南汉丛录补征》，广东人民出版社，2010年，第223页。

4 （清）吴兰修撰、王甫校注：《南汉纪》，广东高等教育出版社，1993年，第71页。

5 转见颜泽贤、黄世瑞：《岭南科学技术史》，广东人民出版社，2002年，第146页。

程、采珠疍民被盘剥惨况。由此判断，宋代南海采珠蕴含更多文化内涵。

元代，南海采珠更发展为一项暴政。元顺帝至元三年（1337年）复立广州采珠提举司，且以采珠户4万赏赐巴延（即伯颜）。[1]据元陶宗仪《南村辍耕录》载："广海采珠之人……葬于鼋鼍蛟龙之腹者，比比有焉。有司名曰乌蜑户。"[2]另《元史·张珪传》称元泰定元年（1324年）中书平章政事张珪等奏："广州东莞县大步海及惠州珠池，始自大德元年……分蜑户七百余家，官给之粮，三年一采……入水为虫鱼伤死甚众，遂罢珠户为民。"[3]不难想象元代采珠规模相当巨大，也折射出珍珠文化血泪斑斑的一面。

明清时期对南珠也推行时采时罢政策，反复无常，产量无大突破，但采珠技术却有进步。一是采用铁耙取珠法，铁耙为手的延长，但收效甚微；二是发明兜囊取珠法，即将麻绳织成兜囊状系于船两旁，沉入海底，乘风行舟，蚌碰到兜囊入内。满则取出蚌，割蚌得珠。明嘉靖《广东通志·民物志》对此有详细记载，由此判断广东人至迟在明中叶发明此法，无须下水作业即可得珠；三是到近代，兜囊取珠法又演变为小舟拉网取珠法，这更宜于浅海滩涂作业。民国《合浦县志》云："珍珠产于白龙海面，其间有珠池四：曰青婴、白龙、杨梅、乌泥，采珠者于二三月间至六七月，以三小舟沉网横罗之，所得珠蚌或螺蛤不等。蚌肉可食，珠价奇升。"[4]如此一来，自古沿袭入海采珠法得以结束，无论采珠或滩涂利用都开始了一个新局面。

1　徐永明、杨光辉整理：《陶宗仪集》，浙江人民出版社，2005年，第222页。

2　李修生主编：《二十四史全译·元史》第六册，汉语大词典出版社，2004年，第3259页。

3　转见颜泽贤、黄世瑞：《岭南科学技术史》，广东人民出版社，2002年，第481页。

4　转见颜泽贤、黄世瑞：《岭南科学技术史》，广东人民出版社，2002年，第481页。

（二）海水水产养殖

1. 早期海水水产养殖

海水水产养殖虽可视为滩涂开发利用的一种方式，但与前述滩涂养殖有区别的是，海水水产养殖长年在海水中进行，而前者有时露出海面。但就为海水所包围这一点而言，两者又有其共同之处，而难以区分是两种养殖方式。南海三省区沿海水乡居民常在低潮时在海滩上拾贝捉蟹和打柴草，或筑鱼塭截留鱼虾，在潮下带养殖牡蛎、蚶、珍珠贝、紫菜、江蓠、麒麟菜等，都属海水水产养殖范围。屈大均《广东新语》云："广州边海诸县，皆有沙田……七八月时耕者复往沙田塞水，或塞篊箔。腊其鱼、虾、蟮、蛤、螺、蜒之属以归，盖有不可胜食者。"[1]实际上沿海居民与珠江三角洲居民一样乐此不辍。

中华人民共和国成立后很长一段时间，在"以农为一""以粮为纲"计划经济经营方针指引下，南海兴起海水养殖高潮，并由于海洋科技进步，而获得较高文化品位。1952—1955年，广东省（当时省域范围包括含今海南全省和广西合浦地区）调查统计可开发利用滩涂为173万亩（约1 153.3平方千米）。[2]主要养殖牡蛎（蚝）、贻贝、珍珠贝、泥蚶、文蛤等贝类10多种，鱼类50多种，紫菜、麒麟菜、江蓠菜等藻类，以及还有海参、海胆、星虫、海兔等。在诸多水产养殖中，以贝类养殖技术进步最大。据《广东省志·科学技术志·水产科学技术》记载，1952年起，广东在部分地区采用"筏式"（可移垂下式）和"栅式"（固定垂下式）养殖牡蛎。因可充分利用水体，所以牡蛎生长速度快，单位面积产量高。当时这一做法被视为技术革新。1956年以后，使用水泥条

1　（清）屈大均著、李育中等注：《广东新语注》，广东人民出版社，1991年，第45页。

2　广东省地方史志编纂委员会编：《广东省志·科学技术志》，广东人民出版社，2002年，第647页。

附着器养蚝，比原来投石养蚝增产 6 ~ 8 倍。20 世纪 80 年代，这一技术被普遍推广，蚝田大面积增加，产品源源供应市场。采用人工孵化育苗方法，养殖贻贝、扇贝、鲍鱼获得成功，并采取基地养殖形式，取得良好经济效益。20 世纪 70 年代，马氏珍珠母贝成功创造出从天然采苗到室内人工育苗育珠技术，培养出大型珍珠。1981 年收获一颗直径达 19 毫米 ×15.5 毫米、重 6 克的珍珠，在国际上争得地位。南海水产研究所有关科研人员由于在人工育珠技术上有重大贡献，1987 年获国家科技进步一等奖。

鱼塭是南海一种传统海水养殖方式，其利用港湾、港汊或滩涂，经过筑堤、开沟、建闸，利用潮汐涨落引纳鱼、虾进入内蓄养。受自然条件制约，这种方式产量低而不稳定。20 世纪 60 年代，南海水产研究所费鸿年先生等经过科学调查，发现了鲻鱼、虾、杂鱼等在鱼塭内出现季节性变化规律，提交了《鱼塭纳苗群聚的形态变化》等报告，为改善鱼塭生产、合理纳苗提供了科学依据。80 年代，鱼塭养殖转为向人工精养方面发展，初步取得成功。随着水产科技的进步，鱼塭有望成为海水养殖的一项重要方式。

鱼塭养虾在 20 世纪 60 年代主要依靠纳苗，产量有限，到 70 年代在湛江、深圳、海丰、海南文昌一带采用人工孵化育苗养殖技术，有所收效，但产量较低，未能普遍推广。到 80 年代，市场对虾需求大增，南海广泛利用滩涂养虾，并形成热潮。仅广东，养虾面积从 1985 年的 3 万亩（20 平方千米），骤增至 1987 年的 24 万亩（160 平方千米）。由于人工虾类繁殖技术已经过关、成熟，并配合人工饲料使用，虾类产量节节上升，市场供应非常充裕，不但进入大小食肆，而且是百姓家庭的常见食品，从根本上改变其与人类的传统关系，此乃南海海洋农业一朵奇葩。

20 世纪 60 年代，香港发明了用海水网箱养鱼法，使不少名贵海产如赤点石斑、鲑点石斑、真鲷、尖牙鲈等不受天然限制而产量大增。这种养鱼方法，70 年代传入两广沿海，到 1987 年广东网箱养鱼有 1 万多箱。至今网箱养鱼已遍及南海沿海大小港湾，成为一项规模庞大的海洋生产方式。由此生产的各式海鲜，供应全国内地以及日本、中国台湾等的市场，极大地改变了人们的饮食和消费习惯。湛江、阳江、惠东、深圳、珠海等港湾网箱养鱼，连绵数千米，蔚为大观，展示了海洋农牧化非常光明的前景。

南海滩涂藻类资源十分丰富，但过去靠天然采集，产量很低。20世纪五六十年代，采用孢子培养幼苗技术栽培江蓠并获得成功，后普遍推广使用此技术。1982年湛江水产学院科研人员将海南岛细江蓠移到大陆沿海，成效显著，同时进行江蓠与鱼、虾混养，充分利用水体资源和海洋空间，取得了良好经济效益。1986年这一技术获中国科学院科技进步三等奖。

紫菜附生于岩礁陡壁，采集困难，产量很少。中华人民共和国成立初，广东海洋大学师生在汕尾湾进行人工移植、栽培紫菜，获得成功。1966年，中科院南海海洋研究所通过壳斑藻人工采苗等办法，在浅海栽培紫菜，初见成效，但主要分布在粤东沿海，规模尚小。1974年，中科院南海海洋研究所科研人员在沿海采集到大量野生紫菜，从中筛选出耐高温、生长快、产量高且适合广东沿海养殖的"广东紫菜"。该品种一推出，迅速占领市场。1978年，该成果获中国科学院重大科技成果奖。[1]

2. 近年海水水产养殖业崛起

20世纪90年代以后，南海海水养殖业发展为当地一项支柱产业，呈现规模化、集约化、立体化发展格局，形成耕海致富热潮。从海洋文化层面而言，其为海洋经济与海洋文化相结合产生的硕果。

据有关统计，2020年，广东海水养殖面积约为164.72公顷，在全国各省、区、直辖市区域养殖面积中排第四，海水养殖产量在全国各省、区、直辖市区域养殖产量中排第三。这个品种结构，显示南海区海水养

1　广东省地方史志编纂委员会编：《广东省志·科学技术志》，广东人民出版社，2002年，第651页。

殖以高价值海产为主，兼顾藻类，亦说明它们有较高科技含量，以及消费者较高消费能力。从海水养殖水域类型来看，南海养殖面积分配依次为滩涂（占30.5%）和陆基（占23.5%），此两者为海水土地利用的主体。陆基是指海岸线上高位地和工厂化养殖，容易人为调控，使用先进技术，其所占面积自然不大，但劳动生产率高，是海水、滩涂养殖的几倍甚至十几倍，社会经济效益优良。陆基以海南岛分布为主，这与岛四周滩涂面积狭小，不得不人工营造养殖池有关。

现代海水养殖是一项很有科技含量的耕海工程。南海在这方面独具特点和优势，它们折射出的海洋农业文化特点是：

（1）广东海水养殖有鱼、虾、贝、藻及其他海生生物等，其中鲈鱼、军曹鱼、鲷鱼、石斑鱼、南美白对虾、青蟹等十多个海水养殖品种的养殖产量均居全国第一。这种领先地位，必须得到先进的海洋文化支持，包括养殖技术、政策和管理等。

（2）鱼类、虾类和贝类养殖达全国先进水平。网箱海水养鱼技术发明后，这种新式养鱼法迅速推广。20世纪90年代后半期以来，一批海水鱼类人工繁殖相继成功，海水养鱼业异军突起，成为广东海洋渔业一个重要领域。2003年，南海三省区海水鱼类养殖产量达23万吨，占全国海水鱼类养殖产量51.9万吨的44.3%。[1]珠江三角洲深圳、东莞、番禺、中山、珠海等临近珠江口市区，先后开发海河水交汇地带建立大片咸淡水鱼塘，在我国率先建立河口近岸带鱼类养殖业，养殖鲈鱼、黄鳍鲷、金钱鱼、眼斑拟石首鱼等。这些养殖鱼类主要供应港澳市场和广州、深圳、珠海等大中城市，各大宾馆酒家的"生猛海鲜"多来自这些咸淡水鱼塘。这些鱼塘也成为沿海最醒目的农业文化景观。另外，浅海浮筏式网箱养殖也是广东海水养鱼主要方式，所养皆为经济价值较高的鱼类，如石斑鱼、鲻鱼、鲈鱼、鲷鱼、军曹鱼、鲳鲹等。浅海易受台风和环境污染影响，初时由此引起损失颇大，近年来引进国内外先进的抗

1　麦贤杰主编：《中国南海海洋渔业》，广东经济出版社，2007年，第118页。

风能力强的深水网箱进行养殖，效果甚佳。每到台风莅境，大片网箱沉入海水深处，避免损失。笔者在湛江海湾特呈岛一带见到湛蓝海水到处是养鱼网箱。该岛由此脱贫致富，成为全国网箱养鱼的一面旗帜。

20世纪80年代对虾海水养殖在南海兴起，经20多年经验积累，养虾技术和模式不断创新，已成为广东海水养殖一个支柱产业。2003年，南海三省区海水养虾面积达7.6万公顷，占全国海水养虾面积的31.3%，产量31.7万吨，占全国产量的64.3%，独领风骚。广东主要养殖南美白对虾、斑节对虾等，前者引自海外。高位池养居主导地位，同时注重养殖物质循环和环境保护，建立生态养殖模式，真正达到养殖工厂化、产业化，逐步向海洋生态文化模式转变。

广东贝类海水养殖已摆脱了传统的技术和模式，达到先进水平。海水珍珠贝养殖，学习和借鉴日本先进笼具和管理方法，养殖大规格插核贝母，插核培育大规格珍珠，显著提高了珍珠的质量和经济效益，"南珠"声誉更加远播海内外。杂色鲍养殖自20世纪90年代中期改用"深水笼养"后，又不断吸收国内外先进养殖技术，大胆创新，创造出"深水多层流水笼养"技术，养殖周期从1~2年缩短为8~10个月，产量有成倍增长，经济效益十分明显，海洋科技文化优势迅速转变为经济生产力，由此可见一斑。

（3）初步形成海水养殖种苗—饲料—生产体系。20世纪90年代以来，南海区海水养殖鱼类、虾类、贝类等种苗生产业达到规模化生产阶段。2003年，南海区生产海水鱼苗、虾苗、杂色鲍种苗分别占全国的17.1%、44.8%和38.3%，其中广东省又在其中占主导地位。海水养殖所需饲料也随之兴起，特别是对虾饲料生产增长甚快，目前仅广东水产饲料销售网点超过2 500个，销售人员近万人，有力地配合了海水养殖业发展。

（4）海水养殖产品出口量大，地区广，呈强势文化态势，辐射海内外。广东鱼类加工制品有冷冻水产品、鱼糜及其制品、干制品、罐头制品、腌制品、熏制品、医药制品等；虾、蟹、贝类加工以干制品为主，其中不乏名牌产品，如广东宝安沙井蚝油、蚝豉早就驰名中外。经多年发展，广东成为包括东南亚在内区域性海产品集散地。一是粤东以潮汕为中心，集散广东、福建、江西海洋冰鲜鱼类；二是粤西以湛江为中心，集散两广、海南对虾；粤中以广州、佛山、深圳为中心，集散我国沿海乃至东南亚部分国家鲜活海产品。广东海产品辐射琼、桂、辽、鲁、浙、闽、鄂、赣、湘、皖；境外则辐射美国，以及欧盟和东南亚地区。

（三）海洋捕捞渔业

广义耕海农业，不仅指滩涂、海水养殖开发，更包括海洋捕捞，即直接从海洋里获取各种海产品。大海变幻莫测，环境使海洋捕捞渔业充满了风险，必须被保障有良好的航行、作业、生活装备和设施，包括渔船、网具、导航、救助、渔获处理、防守等所需器具，以及船渔政组织管理等。这里面蕴含着广东人民千百年世代相传海洋捕捞经验，更有近现代海洋和水产科技成果，也是最能彰显广东耕海农业文化特质和风格的一个领域。

1. 海洋捕捞渔业的嬗替

中华人民共和国成立初，广东海洋捕捞渔船以风帆木质渔船为主体。全靠风力、人力航行和捕鱼，属传统渔业文化范畴，景观单一，发展滞后。1953 年开始，广东才出现机动渔船，到 1957 年达 174 艘，总共 8 541千瓦，采用拖网、围网、刺网、钓具、张网等渔具，后来这些渔网使用化纤材料制成，延长使用寿命和提高捕鱼效率，渐渐增加海洋捕捞文化内涵，吸收近现代科技成果。广东海洋捕捞产量从 1958 年 40.3 万吨到1987 年 104.6 万吨，增长了 1.6 倍。[1]其间，广东海洋捕捞渔船进行技术更新改造，增大渔船吨位，添置先进助渔导航设施和甲板机械。特别是

---

[1] 麦贤杰主编：《中国南海海洋渔业》，广东经济出版社，2007年，第50页。

港澳渔船，早在 1958 年机动渔船就占很大比例，以后更占绝对优势，到了 20 世纪 80 年代，渔船通常配备雷达、对讲机、彩色探鱼仪、卫星导航仪、海底声呐、卫星云图仪、无线电话等先进设备，实现驾驶自动化，船上都有制冷和冷藏设备。这种用现代科技成果装备的港澳渔船，有双拖、单拖、机虾艇、围网船、钓艇、网艇等类型。20 世纪 70 年代以前，广东渔船多活动在珠江浅口海渔场，80 年代以后，已驱驰于江浙、台湾乃至西沙、南沙和北部湾海域，考其故，离不开船舶的先进设备和技术，实际上是现代海洋科技文化驱使港澳渔船远涉鲸波，取得同时期远胜内地渔船的收获量。

20 世纪 80 年代末以来，广东海洋渔业进入稳步快速发展时期。但到 90 年代初期，广东近岸浅海渔业资源严重衰退，广东及时调查海洋捕捞业方向，大力发展远洋渔业。2004 年，仅广东即有远洋渔船 170 多艘，产量 12.43 万吨；捕捞海域扩大到印度洋、西南太平洋、大西洋，远洋基地有如斯里兰卡、马尔代夫金枪鱼作业经营基地。

这种远洋捕鱼船队功率大，助渔和导航设备现代化程度高，一般拖网渔船都装备有三合一海图仪、雷达卫星导航仪、彩色探鱼仪等。特别是大网目、大网口渔具使用，比普通网生产量大为提高，在增加渔获量之同时，又保护海底鱼类资源，有效地开发中上层鱼类资源。

随着广东渔业资源的变动，曾经有一个时期，渔业产量急剧下滑，以致传统围网渔业甚为不景。到 20 世纪 90 年代，通过采用扩大光诱能力和瞄准捕捞技术，南海围网渔业获得复苏和发展，如广东阳江使用扩大光诱功率（最强达 1 000 W 弧光灯）方法提高渔获量。另外，鉴于南海中上层集群鱼类资源严重衰退，以致起水鱼群越来越少，围网渔船基本无鱼可捕。瞄准捕捞新技术装备多台探鱼仪等组成的技术体系，可探测到渔船周围鱼群动态，有的放矢地捕捞，同时实现半机械化起网，加快起网速度，明显地提高了捕捞效率。阳西县溪头镇在瞄准捕捞新技术应用上至为成功，得到有关方面肯定。此外，资源的改变和渔业管理政策的变更（如不得使用捕捞鱼苗、蟹苗渔具等）：一些新材料（如共聚乙烯材料）用于制作笼壶类渔具，捕捞东风螺、龙虾、蟹、石斑鱼、泥猛、乌贼、章鱼等鲜活、价高渔获，经济效益甚佳。一度沉寂使用的子母延绳钓也重获新生，用于捕捞金钱龟，在珠海、台山、阳东、阳西等渔港使用较为普遍，阳西沙扒港可为典范。又90年代以来，开发灯光罩网捕捞法，收获颇丰。广东各港使用较多，并呈迅速发展之势，阳江东平港尤为领先。这些先进的海洋捕捞技术，凸现了在现代科技的潮流下，海水捕捞文化也与时俱进，走上时代先进海洋文化之路。

2. 海洋捕捞渔业中的科技和制度文化

无论滩涂养殖还是海水捕捞，其发展必须依靠科学技术，海洋科学技术是海洋文化的一种形态。改革开放以来，广东在这方面获得的成就斐然。有关渔政主管部门针对各地深海作业渔船少、设备陈旧、技术落后、竞争能力薄弱状况，进行了大机拖、大机围和中深海刺钓渔船的技术改造。增大渔船马力，配备先进导航助渔仪器，改善渔获保鲜技术，仅1983—1987年广东在这方面总共投入8.5亿元，使23 472艘（次）渔船受惠。[1] 又基于传统海水养殖业粗效经营特点，随着积极推广和应用海水育苗技术，人工配合饲料技术，海水养殖技术和养殖装备（如增氧机和深水网箱），均取得良好经济效益。广东于1999年从挪威引进外海升降式抗风浪大型网箱养鱼技术，比传统浮筏式网箱养鱼成活率高1倍多，鱼质量接近野生种，经济效益增加40%左右。2003年，广东名贵海水鱼类养殖产量达19.6万吨，占全国同类产量37.8%，居首位。另外，蚝养殖从平面石头养殖到水泥柱立体插养，发展到现在的浅海吊养。蚝肉产量从1.5吨/公顷上升到15吨/公顷，增长了9倍，[2] 有效地保障蚝的市场供应，进入千家万户的日常生活。

从制度文化层面而言，无论滩涂养殖还是海水捕捞、养殖都必须纳入法治轨道。改革开放以来，从中央到地方，相继制定、颁布一系列渔

---

1 麦贤杰主编：《中国南海海洋渔业》，广东经济出版社，2007年，第147页。

2 麦贤杰主编：《中国南海海洋渔业》，广东经济出版社，2007年，第145页。

业法规，包括 1979 年国务院颁布的《水产资源繁殖保护条例》、1986年实施的《中华人民共和国渔业法》和 1987 年实施的《中华人民共和国渔业法实施细则》，以及一些地方性法规等，形成海洋渔业法律体系。这其中有"养殖证制度""捕捞许可证制度""种苗生产许可证制度""质量认证制度""养殖投入品的管理制度"等，对规范海洋渔业管理、强化质量监督、保证水产品质量、安全以及加大渔政执法力度，保护海洋渔业资源和海洋环境等都发挥了重大作用。

3. 南海渔场分布

人类在大海里从事捕捞作业，在特定海域形成性质均一的文化空间，这就是渔场。南海各渔场的捕捞对象、船只、渔具、渔获等不同，构成各自海洋文化景观，是海洋文化分异的基础。根据 1994 年农业部南海区渔政局和广东省地图出版社联合编制的《南海渔场作业图集》，南海划分为 24 个渔场，其中绝大部分渔场在我国传统海疆范围以内，其中广东省渔场有：

（1）粤东渔场，从闽粤交界到珠江口以东近海，面积 4.9 万平方千米，深受河水影响，饵料充足，海岸曲折，港湾众多，中上层和底层鱼类资源十分丰富，可供多种方式捕捞，包括拖网、围网、刺钓等渔场。捕获对象有白姑鱼、蓝圆鲹、蛇鲻、海鳗、蟹类、虾类、头足类、竹荚鱼、鲐鱼、鳓鱼、马鲛、大黄鱼、带鱼、石首鱼等，几乎全年可以作业，拥有汕头沿岸等市场。

（2）东沙渔场，在东沙群岛四周海域，面积 11.5 万平方千米，水深浅不等，大部分海域适于拖网作业。主产竹荚鱼、蓝圆鲹、枪乌贼、虾类等。过去是粤、闽渔民传统捕鱼场所，渔获颇丰，流行"欲发财，趁东沙"谚语。近年，台湾围网渔船到此探捕调查，网产高达 114 吨。闽、琼渔船到此作业的也不少。渔获主要为麒麟菜、马蹄螺、龙虾、石斑鱼、鲯鳅、波纹唇鱼等，皆为名贵海产。东沙岛为主要临时避风锚地。

（3）珠江口渔场，在珠江口外东西两侧，从大亚湾至下川岛沿岸大陆架海域，即珠江水下三角洲范围内，面积约为 7.4 万平方千米。受珠江、粤东沿岸淡水和外海水影响，海水有机物、营养盐丰富，水质肥沃，饵料生物繁盛，加上海岸曲折、岛屿众多，是多种经济鱼虾类产卵、育肥幼体场所，历为南海北部最重要的渔场。按其作业方式不同，内部又分拖网渔场、围网渔场、刺网渔场、拖虾场等。盛产蛇鲻、鲱鲤、金线鱼、大眼鲷、白姑鱼、带鱼、鲐鱼、虾类、蟹类以及马鲛、石斑鱼、海鳗、鲨鱼等。港湾和锚地较多，主要有广州港、东平港、万山湾、镇海湾、沙堤湾等，且靠近珠江口沿岸城镇带消费地，鱼汛时千帆竞争，蔚为大观，是南海海洋渔业文化中心地之一。

（4）粤西及海南岛东北部渔场，从下川岛经阳江、电白、雷州半岛至海南岛东北文昌一带海域，面积近 10 万平方千米。沿海受多条河流河水影响，水质较肥沃，饵料丰富，岸线曲折，港湾众多，环境甚佳。按作业方式，分浅海、深海拖网渔场、刺钓渔场、拖虾场等。主产鲱鲤、蛇鲻、金线鱼、虾类、蟹类以及海鳗、鲨鱼等。渔场沿岸有闸坡、湛江、淡水（在硇洲岛）等港口，不仅是优良避风、补给锚地，也是著名海上旅游胜地，以沙滩、海水、阳光以及生猛海鲜吸引游人。

（四）滩涂围垦农业

1. 滩涂围垦农业的时空变迁

狭义农业指作物栽培，在古代拉丁语和英语中，文化（Culture）一词兼有"耕作"和"栽培"之意。而农业（Agriculture）这一复合词，前半部分意为耕地，后半部分意为文化或耕地。由此，可以视"农业"一词为耕作文化的同义词。为了耕作，必须依赖土地，在沿海，围垦滩涂是取得耕地的方式之一。广东在这方面历史悠久，自宋代以来即有大规模围垦滩涂之举。明人追忆宋代李岩在东莞为官筑堤围垦的情景，有诗曰："长堤高下望无穷，遏往潮头不敢东。获得咸田千万顷，至今村落庆年丰。"[1]明清沿海滩涂围垦达到高潮。在珠江三角洲前缘

1　（明）崇祯《东莞县志》卷七。转见司徒尚纪：《广东文化地理》，广东人民出版社，1993年，第83页。

被围垦而得的土地，统称为沙田。这种与海争地而来的土地不仅是新的粮仓，而且是经济作物的重要基地。明清时期，珠江三角洲发达的商品性农业，包括桑基、蔗基、果基鱼塘等，即建立在沙田开垦基础上。据统计，1934年广东沙田面积约250万亩（约1 666.6平方千米），占广东全省耕地面积的10%左右。[1]沙田产生巨大的物质财富，这是不言而喻的。这是海洋对珠江三角洲人民的一种赐予。在地狭人稠的潮汕地区，与海争地是减轻人口对土地压力的重要途径，故围垦滩涂是当地一种至为触目的海洋文化景观。例如始建于明嘉靖四十二年（1563年）的澄海县，时有田地215 354亩（约143.6平方千米），到崇祯五年（1632年）增加到264 812亩（约176.5平方千米），即69年间新增田地49 458亩（约32.97平方千米），平均每年增地716.78亩（约0.48平方千米），比韩江三角洲滩涂堆积速度要快6.1～16.3倍。清康熙二十六年（1687年）至清乾隆二十四年（1759年）的72年间，澄海"首垦额外沙坦三百七十二顷七十二亩（约24.8平方千米），即平均每年围垦滩涂452.4亩（约0.3平方千米）"，[2]仍是一个比较快的围垦速度。在雷州半岛海岸，明万历《雷州府志》称"宋始筑岸防海，以开阡陌"，[3]如海康（今雷州）一带大兴水利，东洋万顷滩涂化为良田，"民大获利"，[4]被称为"雷州粮仓"。明清时，雷州滩涂与内地沼泽一样广种蒲草，志称："有田之家种草致富不知凡几"。[5]直到中华人

1　谭棣华：《清代珠江三角洲的沙田》，广东人民出版社，1993年，第224页。

2　蔡人群：《潮汕平原》，广东人民出版社，1992年，第61页。

3　万历《雷州府志》卷一二。转见李建生、陈代光主编：《南海"海上丝绸之路"始发港——雷州城》，海洋出版社，1995年，第50页。

4　（清）屈大均著、李育中等注：《广东新语注》，广东人民出版社，1991年，第44页。

5　（清）宣统《海康县续志》卷二，《物产》。转见司徒尚纪：《岭南历史人文地理——广府、客家、福佬民系比较研究》，中山大学出版社，2001年，第131页。

民共和国成立后初，雷州、湛江一带生产的草包或草席仍以其独特工艺和上乘质量畅销省内外，在海南岛，元至元年间（1280—1294年），在南渡江下游今琼山县东北大林一带，曾动员有田之民筑堤围垦滩涂，建成各种水利工程18处，成熟田者千余顷。[1] 在昌化县（今昌江县）昌化江出海口，清代也开展海滩围垦，至今仍有地名"咸田"。志称该县"西南浮沙荡溢，垦为田，必用积牛之力蹂践，令其坚实，方可注水于农事"。[2] 在广西北部湾沿海，从明代起就有修筑堤围和涵闸等防潮、取得耕地之举。明嘉靖十五年（1536年）钦州知府林希元督民"厚基高岸，用石砌筑，民田始耕"。合浦县围海造田，也始于明代。清代及民国时期，也修筑了一些河海堤围。[3] 举凡这类围垦海滩事例，明清在南海三省（区）不胜枚举。这成为增加耕地、缓解清中叶以后人口日益增长对环境压力的一个重要方式。

中华人民共和国成立后，滩涂围垦在广东得到普遍重视，并常与沿海水利建设事业相结合，解决防海潮、引淡脱盐去卤等问题，使大片荒滩化为沃壤，遍地荆棒化为稻粱，有效地解决了这些地区的粮食和生态环境等问题，同时昭示海洋农业在这方面达到一个新的发展高度。据调查统计，到1983年，广东（时含海南岛）围垦滩涂面积达159.6万亩（1064平方千米），占同期全国已围垦滩涂面积1680万亩（11200平方千米）的9.5%。[4] 在已围垦滩涂中，已利用的为101.6万亩（约677.3平方千米），利用率为63.7%，尚有部分滩涂围而未垦。大陆沿岸已垦

1　道光《琼州府志》卷四下，《舆地·水利》。转见司徒尚纪：《海南岛历史上土地开发研究》，海南人民出版社，1987年，第138页。

2　（清）李有益修纂：《昌化县志》，广东省中山市图书馆装订社影印版。转见陈光良：《海南经济史研究》，中山大学出版社，2004年，第66页。

3　广西壮族自治区地方志编纂委员会编：《广西通志·水利志》，广西人民出版社，1998年，第332页。

4　广东省海岸带和海涂资源综合调查大队、广东省海岸带和海涂资源综合调查领导小组办公室编：《广东省海岸带和海涂资源综合调查报告》，海洋出版社，1988年，第351页。

滩涂较多，但利用率低，海南岛已围滩涂较少，但利用率高。大陆沿海的海堤，以珠江口两侧为集中岸段，已筑海堤135条，堤线总长1 661千米，捍卫面积210.8万顷（约140 533.3平方千米），人口130.64万人。[1]这些海堤包括斗门、中山之间白蕉联围，中山、珠海之间中珠坦洲联围，中山北部民三联围，番禺南端万顷沙围，跨番禺、顺德的番顺联围等，都是规模巨大的海堤，涉及珠江口伶仃洋海区、磨刀门海区、黄茅海海区，高程一般2米以上或3米以上。珠江口这些滩涂，分布在顺直的海岸边滩，泥沙来源欠充，加上受沿岸潮流的影响，不利淤泥沙沉积。滩涂分布零散，沙粒较粗，肥力不高，围垦开发价值不大，但对水产养殖有利。而海滨黏质泥坦、壤质草坦、盐渍沼泽土等土层深厚、肥力高、围垦意义重大，深圳沙井、深圳湾沙河口，广州鸡抱沙、万顷沙，中山横门口、珠海银坑、香洲、大横琴、三灶岛、新会崖南，台山黄茅岛、赤溪东、都斛东、赤鼻岛等都属这类可围滩涂。这些滩涂，有的自清中叶以来即有小规模围垦，中华人民共和国成立后相继围垦，建立平沙农场、八一大围、军建大围、红旗农场以及上述各大联围，皆为向海洋进军、向海滩要地的重要成果。特别是改革开放以来，广东沿海经济建设迅速发展，城市建设、交通建设，以及扩大工业加工区、经济技术开发区等开发项目大量占用耕地，使各地区各部门普遍重视滩涂围垦，以缓和用地矛盾。而随着外向型经济的发展，沿海地区不断引进外资开发滩涂，使围垦速度不断加快。围垦滩涂成为海岸带资源开发的重要内容。广东围垦滩涂主要集中在珠江口，粤东次之。因为珠江口所背靠珠江三角洲，是我国南方经济的高峰区，各项事业都发展得较快，用地大增，围垦后能很快取得明显的经济效益。例如番禺万顷沙新垦区，围垦成田率达80%，一般围垦当年即可利用。在围内工程未配套以前，以种植莲藕为主；配套后，可种植甘蔗、香蕉等经济作物，收入不菲。大抵伶仃洋东岸（东莞、

1　水利部珠江水利委员会、《珠江志》编纂委员会编：《珠江志》第三卷，广东科技出版社，1993年，第201页。

深圳等），围垦滩涂以发展海港，城镇和工业用地为主；伶仃洋两岸（番禺、中山、珠海等），以及磨刀门、黄茅海围垦滩涂则以发展大农业为主，都已取得巨大的社会效益和经济效益。一般说来，围垦初期宜种甘蔗、香蕉、水草以及放养塘鱼、牛、鹅、鸭等，其产品质佳味鲜，深受港澳市场欢迎。珠江八大出口附近还有很多滩涂，规模大，高程高，紧靠大河，淡水来源丰富，宜围垦。沿海岸滩地受咸潮影响大，土壤盐度高，只要建设引淡工程，仍可围垦，不过这需要大量资金投入。近年来，珠江三角洲地区经济崛起，有财力开发这项事业，也是南海海洋文化建设的一件大有希望工程。

粤东大部分岸段面对浩瀚的外海，水动力作用强，仅有局部港湾或以岛屿为屏障，岸段水动力较弱，故滩涂资源比较贫乏。分布较为集中的有饶平、汕头、海丰、惠东等县（市、区）。这些滩涂，有河口湾型（汕头牛田洋）、三角洲前缘型（韩江河口）、溺谷湾型（柘林湾、范和港）、潟湖湾型（神泉湾、乌坎湾、长沙湾等）等，类型众多，开发利用方式也不尽致，海洋文化景观更为丰富多彩。如汕头市西北部河口湾型牛田洋，1956 年以来多次围垦而成，堤围长 1 807 千米，原为土堤外加干砌石防浪墙，颇为坚固，为当地围垦工程一景，颇负盛名。1969 年遭强台风、海啸袭击，堤围溃决，后按原样加高增厚，可抗 10 ~ 11 级风暴潮水位，捍卫着围内大量产业、人口和财富，今已成为地狭人稠的潮汕地区与海争地的一个胜利典范。

粤西滩涂性质差异较大，西部岸线平直，以沙质为主，而东部岸线曲折，沙质和淤泥质相间。大部分滩涂集中分布沿海一些港湾，如台山广海湾、镇海湾、阳江北津港、阳西织篢丰头河湾、沙扒湾、电白水东湾、湛江湾、雷州湾、徐闻外罗港湾、流沙港湾、廉州安铺湾等。粤西滩涂约有 110 万亩（约 733.3 平方千米），大部分在这些港湾、河口地段，其余则呈零星分布。淤泥质滩涂，多形成于大河河口或港湾有岛屿为屏障处，这些地方陆源细粒物质供应充裕，有机质高，养分丰富，宜于围垦或养殖。其他含沙淤质滩涂，分选性和肥力较差，围垦价值较低，但宜海水养殖。粤西沿海是广东最缺水的岸段，特别是雷州半岛是广东最干旱的地区之一，除靠近河口淡水资源较为丰富的岸段以外，一般不宜围垦种植作物，故雷州半岛很多滩涂尚为处女地，或围而未垦。粤西东部岸线，只有台山、阳江淡水资源较为丰富，被围垦滩涂较为充分利用。如建于20世纪50年代中期的阳江平岗农场，70多年来一直在发挥效益，成为一个重要的粮食和甘蔗生产基地。

在南海白云蓝天映衬下，这些围垦滩涂主要种植水稻、甘蔗和其他作物，多呈集中连片分布，堪为稻作、经作文化景观范例。南沙万顷沙、斗门白藤湖、新会崖南等新垦区，其土地利用是随地势高低和水利条件来决定作物安排，因而具有它的科学性和合理性，赋有丰富文化品位。例如新会崖南新垦区的 2 000 亩（约 1.33 平方千米）农田，10% 的土地养鱼和种植莲藕、菱角等水生作物；20% 的土地种植香蕉、荔枝等果树和蒲葵；70% 的土地为水稻、甘蔗所占用，这种土地利用，搭配合理，轮种有序，效益优良。另外，围垦后滩涂，尤其是珠江三角洲沙田是有规划的，一般成方形，每块农田都有一定比例的面积，田块之间有渠道（俗称涌）作为田间的交通孔道，同时兼有排涝、洗咸作用。靠近渠道的田块筑有坚固的堤围，能抵御风浪袭击。这种田沟相间而整齐划一的农田，是珠江三角洲滨海地区农田的特色，也是滩涂围垦形成的文化景观。著名作家陈残云在《沙田水秀》一文中写道："沙田的景色是迷人的。丰收后一望无际的田野，显得特别宽广和美丽，纵横交错的小河涌，小艇穿梭如织，一排排翠绿的蕉林相映着乌黑的牛群，这仿佛是一幅色彩鲜明的织锦画。"[1] 展示出沙田景观是那样的自然和秀美。

2. 滩涂围垦的文化生态教训

滩涂围垦一方面创造巨大物质文化财富，另一方面又改变当地生态环境。这就要求滩涂围垦必须符合自然规律，并使之永续利用和可持续发展。恰如恩格斯说的"自然界是检验辩证法的试金石"。人类利用自然，

---

1 转见司徒尚纪：《广东文化地理》，广东人民出版社，2001年，第92页。

符合自然辩证法的行为及其创造的物质和精神财富，是一种先进文化，反之，则是一种落后文化。在滩涂围垦上，也有这种文化分野。广东上述围垦滩涂，在肯定其作为一个海洋文化主流的同时，也不能不看到这个过程中也产生不少经验教训，可视为落后海洋文化的一种折射。

（1）盲目和片面围垦。滩涂的形成和发育有自己的规律，不可逾越。中华人民共和国成立后的资料显示，凡在广东河口、溺谷港湾中大规模围垦的，多得不偿失。有关方面调查显示，中华人民共和国成立后30多年间，广东围垦滩涂约140万亩（约933.3平方千米），但开发得当且经济效益、社会效益、生态效益显著的仅占1/3，如斗门平沙农场、万顷沙珠江农场等，其余的不是经济效益一般就是经济效益差，甚至无法利用。如粤东澄（海）饶（平）联围，1973年建成，但可垦为农田的面积仅占全围滩涂的58%，后又降到41%，[1]利用效率不高。而更为严重的问题是，围垦前这一大片滩涂是粤东海水养殖良好场所，原有大片蚝田，近海以盛产多种鱼虾、贝类而闻名遐迩。围垦后蚝田荡然无存，鱼虾绝迹，晒盐业日益式微，生态环境恶化，只能种植单一性水稻，但经济效益远不及围垦前各业产量总和。澄饶联围被认为是生态系统破坏最严重、开发利用条件最差的一个垦区。近年来花大力气对其进行综合整治，情况才开始向有利方向转化，由此留下的深刻经验教训，值得反思。

（2）围垦过度，危及港湾功能。过去很长一段时间，片面强调"与海争地"，结果围垦过量，港湾纳潮量大为减少，引起港湾动力改变，导致一些港湾功能下降，甚至废弃。惠来县神泉港，原为广东一等渔港。20世纪70年代，在流入该港的龙江和雷岭河河口围垦造田和修筑堤围，使纳潮量锐减，水域面积缩减几至一半，几乎变为"死港"。后来花大力气加以整治，才使神泉港死里回生，恢复渔港功能。

（3）围垦失时，失其地利。滩涂围垦时间必须恰当，过早围垦，

1　水利部珠江水利委员会、《珠江志》编纂委员会编：《珠江志》第三卷，广东科技出版社，1993年，第587页。

围后淤沙不足，难以成田，成为积水洼地；过迟围垦，滩面高度过高，难以自流灌溉，所以围垦贵在适时。珠江三角洲农民在千百年围垦实践中，摸索、总结出滩涂淤积演变过程规律，即鱼游、橹迫、鹤立、草埔四个阶段，即具有很高的文化品位。珠江三角洲明初以来新围垦的成田的滩涂，有不少是按照这个过程演变而来的。在珠江三角洲，围垦过早的有中山东七围、珠海横琴中心沟围等，结果围外淤积，围内积水洼地过多。围垦过迟的如斗门平沙农场前锋分场，结果垦区地面高度过高，灌溉困难。这都难以发挥地利，达不到围垦应有的经济效益，在滩涂利用上留下深刻教训。

（4）围而不垦，浪费资源。近几十年来，一些地方滩涂围垦不顾环境和条件一哄而起，竞相高下，形成盲目或片面围垦现象。也有滩涂围后没有建设水利配套工程，未能进一步改造成围田，使大片滩涂地弃荒，既浪费土地资源，也损失不少人力物力，可谓劳民伤财。上述潮汕地区的澄饶联围即是一个围而不垦的典范。而围后土地基本上没有利用的事例还很多，如台山市海宴华侨农场、海丰长沙湾的虎头山围、湛江市郊官渡围、雷州（海康）企水围等。

（5）围垦后经营项目单一，经济效益低下。这主要是由于围后各项工程未配套，只能单一化种植水稻，未能综合利用，发挥地利。如中山东七围围海 1 160 亩（约 0.77 平方千米），因地势低洼，排水不良，过去一直种水稻，单产很低。1981 年后投资将低洼地改成蔗基鱼塘，种蔗养鱼，收入大增。两种经营模式，两种不同效果。这说明综合开发、多种经营是围垦海上土地资源开发利用的正确方针，也是发展海洋经济的一种文化模式。

（五）海水制盐业

海水中含大量盐类。而盐是人类日常生活必需品，古有视盐为"食肴之将"和"生民喉命"，有"无盐则肿"之说，盐的需要量甚大。故盐业历为封建国家的重要的经济收入来源，盐田是我国海洋农业文化一个重要组成部分。南海为热带海洋，不但海区面积居我国四海之首，而且海水蒸发强烈，海水含盐量高，利于晒盐。除了一些基岩港湾、滩涂缺失或低度发育，无法平整出盐场，以及有些沙质滩涂地下水渗出不利于盐的结晶以外，广东仍有很长海岸可开发利用于晒盐，尤其是粤西沿海，河流少、气温高，蒸发量大于降水量，盐度高，是晒盐较为理想的场所。这些地区自古以来就是盐田分布区，至今仍保持这种格局。据 1984 年统计，广东（含海南岛）沿海共有 28 个县市分布有盐田，其中粤东岸段约占 30%，粤西岸段约占 40%，海南岛岸段约占 30%，与盐业资源条件分布状况相符合，也是南海盐业文化分布基本格局。

1. 海水制盐技术

制盐技术是盐业文化的主要内涵，广东在这方面有久远的历史、先进的技术和巨大的成就，是南海海洋文化的一项殊荣。有研究显示，远古迁徙到海岛上的原始居民，在海岸礁石坑凹处，经常可捡到海潮进退或浪花迸溅留下成薄片状白色结晶体，尝试用来烹调食物，感到咸美无比，久吸轻身腑畅，气力倍增，于是视之为宝物。后来，岛上居民通过观察和试验，海水蒸发到一定浓度，集中收集到石坑曝晒一段时间，即可收获到盐巴。随着需要量增加，仅靠日晒盐不能满足需要，卤水煮盐技术应运而生，即煮海成盐。这是海盐最早的生产历史过程，到东汉许慎在《说文解字》中总结曰："盐，卤也，天生曰卤，人生曰盐。"[1]其实，生活在南海地区的古越人很早就知道海盐的生产和利用，"番禺"（今广州）一词含义，一说为古越语，"番"指村，"禺"指盐，古越语采用通名在前，专名在后"齐头式"命名方法，故"番禺"译成汉语为"盐村"之意。

随着海盐资源的开发利用，人们对食盐效用功能的认识不断扩大、

1　静泓：《中国古盐》，浙江古籍出版社，2011年，第19页。

加深，对食盐种类的划分越来越细。《隋书·食货志》记载："一曰散盐，煮海以成之；二曰鹽盐，引池以化之；三曰形盐，物地以出之；四曰饴盐，于戒以取之。"[1]但隋代历史短浅，未专述南海之盐。到唐代，制卤技术已很定型成熟。唐昭宗时（888—904年）曾任广州司马刘恂在《岭表录异》中记载："野煎盐：广南煮海其□无限。商人纳榷，计价极微数，内有恩州场、石桥场，俯迎沧溟，去府最远，商人于所司给一百榷课、支销杂货二三千。及往本场，盐井官给，无官给者，遣商人。但将人力收聚咸池沙，掘地为坑，坑口稀布竹木，铺蓬簟于其上，堆沙。潮来投沙，咸卤淋在坑内。伺候潮退，以火炬照之，气冲火灭，则取卤汁，用竹盘煎之，顷刻而就。竹盘者，以篾细织，竹镘表里，以牡蛎灰泥之。"[2]这是至今见到关于南海制盐最早文字记载。其中最后一道工序用的"竹盘"，按明人宋应星的解释是"将竹编成阔丈深尺，糊以蜃灰，附于釜背，火燃薪底，滚沸延及成盐，亦名盐盆"。[3]这种"竹釜蛎涂，转久弥密"[4]的盐盆，不以铁铸而用竹制，具有就地取材容易、成本低等优点，反映出南海地区海盐生产的地域特色，也颇有文化品位。

唐后期，海盐生产重心自北向南转移，广东成为海盐产量最多的地区之一。北宋开始改煮卤成盐为晒卤成盐，技术上虽未见重大改进，但生产规模却大得多。广东盐税的收入，据南宋绍兴年间（1131—1162年）的统计，广州每年课利30万贯，潮州10万贯，惠州5万贯，南恩州（今

1　（唐）魏徵主编：《隋书》卷二十四，《食货志》。转见郑仲兵、孟繁华、周士元主编：《中国古代赋税史料辑要·纪事篇》上，中国税务出版社，2003年，第207页。

2　（唐）刘恂：《岭表录异·补遗》，广东人民出版社，1987年，第87页。

3　（明）宋应星：《天工开物》。转见李敖主编：《古玉图考·营造法式·天工开物》，天津古籍出版社，2016年，第237页。

4　（宋）乐史：《太平寰宇记》卷一五七。转见陈光良：《海南经济史研究》，中山大学出版社，2004年，第139页。

阳江、阳春、恩平三地）3 万贯以上。[1]南宋孝宗时户部侍郎叶衡说："今日财赋，鬻海之利居其半。"[2]这显然需要制盐技术作为支柱的。但直到元代，煮盐仍不失为海盐的生产方式之一，元陈大震《大德南海志·盐课》即有"每引给工本壹拾两，与灶户煎办"[3]之语。

明清时期，海盐生产才完全由晒沙土淋滤制卤改为海水制卤，与近现代海盐生产广泛使用的"天日法"相同。这不仅比前法简便，而且大大地提高了海盐产量，是海盐生产的一次革命性变化。其创新在于，直接引海水流入田沟漏槽，分层终日晒成卤，然后汇集盐池曝晒成盐。这种完全利用阳光蒸发海水成盐的工艺，沿用至今。明末清初屈大均在《广东新语·食语·盐》曰："盐有盐田，盐之为田也。于沙坦背风之港，夹筑一堤，堤中为窦，使潮水可以出入也……咸水之来，从港以入堤，从堤以入窦，从窦以入沟，从沟以入漏，从漏以入槽，从槽以入池，而后乃成盐也。"[4]但由于对食盐要求不同，广东海盐仍有生盐和熟盐之分。生盐成于日晒，含盐量高，适于山区重体力劳动者食用，而用火煮的熟盐，味淡，水居百姓喜用。这种差异，进一步说明广东制盐技术进步成熟和精细，绝不亚于北方盐产区。

2. 海盐的生产、分布和运销

在海盐生产技术的支持下，海盐作为一种物质财富，也是一种文化形态，承载着海洋文化的特质和风格，反映在生产分布、规模上，说明岭南人对南海海水化学资源开发利用的能力、水平和效果。而海盐的运

1　交通部珠江航务管理局编：《珠江航运史》，人民交通出版社，1998年，第122页。

2　张小也：《清代私盐问题研究》，社会科学文献出版社，2001年，第11页。

3　虎门镇人民政府编：《虎门文史》第一辑，广东人民出版社，2013年，第15页。

4　（清）屈大均著、李育中等注：《广东新语注》，广东人民出版社，1991年，第340—341页。

销，也是一种文化传播，展示南海三省区海洋文化对外辐射方式，空间结构和影响。这两者都可以归结于海盐文化景观及其分布与扩散范围。

秦汉时代，南海沿岸海盐生产已有明显发展，《汉书·地理志》载西汉中后期及王莽时所置盐官 36 处，分布在沿海地区的有 18 处，在南海郡内则有番禺，苍梧郡内有高要，南海产盐是不争事实。唐代，据《新唐书·地理志》明确记载岭南道产盐的有广州新会、潮州海阳等。唐僖宗时（873—888 年）宰相郑畋将岭南盐铁委广州节度使韦荷，"岁煮海取盐，直（值）四十万缗，以赡安南"。[1] 南海之盐已输入安南，且价值不菲。

宋代岭南进入大规模开发时期，迁入汉人大增，城市人口也同步增长，促进了食盐消耗。加之北宋以来实行晒盐法，海盐产量上升，政府对盐实行统购、官运官卖政策，强化了食盐官营性质和管理，将其纳入政府垄断生产轨道。当然，由于岭南地处偏远，政府难免鞭长莫及，在官盐以外，还有难以历数的个体盐户，所产海盐称为"浮盐"，完税后可以自由销售，以区别于官营的"正盐"。这显示了岭南盐管制度文化的灵活性。这都促使海洋开发走上一个新阶段。据《宋会要辑稿·食货》载，南宋绍兴三十二年（1162 年）全国有 91 个盐场，总共产盐 288 793 815 斤（144 396 907.5 千克），其中广南东路有 17 个盐场，产盐 16 553 000 斤（8 276 500 千克），广南西路有七个盐场，产盐 11 584 450 斤（5 792 225 千克）。两广盐场面积占全国盐场面积 26%，产量占全国产量 10% 左右。这并不包括个体盐户的产量。另据王存《元丰九域志》载，宋代"广州东莞县（今东莞市）有静康、大宁、东莞三场，海南、黄田、归德三盐栅；新会有海晏、博劳、怀宁、都斛、矬洞、六斗六盐场；潮州有净口、松口、三河口盐场；惠州归善县（今

1　（北宋）宋祁等撰：《新唐书》卷一八五，《郑畋传》。转见广东省地方史志编纂委员会编；曾日淑（卷）主编：《广东省志·盐业志》，广东人民出版社，2006年，第69页。

惠阳区）有淡水一盐场；海丰有古龙、石桥二盐场"。[1] 盐业成为沿海
地区的一个经济优势。元志称"潮（州）之为郡，海濒广斥，俗富鱼盐。
宋设盐场凡三所，元因之……盐之为利，既可以给民食，而又可以供国
用矣"。[2] 宋代潮州盐业一片兴旺，考古发掘潮阳河浦华里盐场东灶遗址，
面积达 1 000 亩（约 0.67 平方千米）。宋人王安中《潮阳道中》诗云：
"万灶晨烟熬白雪，一川秋穗割黄云"，[3] 一派煮盐、收稻的繁忙景象。
潮州通判陈尧佐诗"潮阳山水东南奇，鱼盐城郭民熙熙"，充分肯定了
渔盐业对改善民生的巨大贡献。岭南各州所产食盐除在当地消费外，大
多先集中广州及潮州、惠州、南恩州（今阳江、阳春、恩平三地），再
转销粤北、西江沿岸地区和赣南、闽西、桂北等地，其中广州和南恩州
（今阳江、阳春、恩平三地）是最大的食盐集散口岸。

　　元代，南海盐业属广东道[4]辖广东盐课提举司，属海北海南道的称
广海盐课提举司，产盐盛时二提举司年共产盐约 10 万引（一引等于
400 斤，共 20 000 000 千克），约占全国海盐产量的 40%。据《元
史·百官志》记，广东盐课提举司辖 13 个盐场，即靖康场、归德场（均
在今东莞），东莞场、黄田场（均在今宝安），香山场（在今中山），
矬洞场（在今台山），双恩场、咸水场（均在今阳江），淡水场（在今
惠东），石桥场（在今汕尾），隆井场、招收场、小江场（均在今潮阳），
显见元代盐场仍因袭宋代盐场分布和运销格局。

　　明代制盐技术提高，不但提高了盐产量，也扩大了盐场分布范围。
洪武二年（1369 年）仍置广东和海北两个盐课提举司，管辖 29 个盐场。
其中广东盐课提举司辖广州、惠州、潮州、肇庆四府十四县 14 个盐场，

1　司徒尚纪：《岭南海洋国土》，广东人民出版社，1996年，第105页。

2　陈香白辑校：《潮州三阳志辑稿》，卷之七《户口》，中山大学出版
社，1989年，第125页。

3　黄雨选注：《历代名人入粤诗选》，广东人民出版社，1980年，第234
页。

4　按：时广东属江西省下的一个道。

比元代时增加一个台山海晏盐场；海北盐课提举司辖白沙、白石、西盐白皮、官寨丹兜、蚕村调楼、武郎、东海、博茂、茂晖、大小英感恩、三村马窎、陈村乐会、博顿兰馨、新安、临川等 15 个盐场，分布在高州、廉州、雷州和琼州四府十二县，除海南岛盐场有明显增加以外，两广大陆沿海盐场分布并无多大改变。

入清以后，南海沿岸一些盐场由于环境变迁而被废弃，但历史形成的盐场分布格局仍无重大改变，盐业继续成为当地耕海的主要形式和经济的一个支柱。

明清广东盐运销仍袭原有交通路线，保持向北输出方向。从广州溯北江入浈江过大庾岭下江西是一条主要运盐道，明末意大利传教士利玛窦在南雄看到这座城市包括大批海盐在内"许多货物经此输往他省，因此船只往来不绝"。[1] 另一条经北江入武水的骑田岭道，供应湖南海盐。屈大均《广东新语·水语》指出："每岁贾人……与诸瑰货向韶关而北，腊岭（在乳源西）而西北者，舟车弗绝也。"1943 年地理学者吴尚时在《乐昌峡》一文中记昔时此道："挑夫则比肩接踵，皆湘贩也。南下者负猪、蛋、油、豆，北返者则肩糖盐或其他洋货，来往人数，当时日凡一二千，伙铺饭店，沿途皆是。"[2] 后粤汉铁路通车，这条运盐道才告结束。另一条是都庞岭道，溯连江经南风坳入湖南蓝山，下湘江而北上。鸦片战争前，此道货物运输十分兴盛。容闳在《西学东渐记》中说："凡外国运来货物，至广东上岸后，必先集中于湘潭，由湘潭再分至内地。又非独进口货为然，中国之丝茶之运往外国者，必先湘潭装

1　（意）利玛窦著、罗渔译：《利氏致罗马总会长阿桂委瓦神父书》（1608年），载《利玛窦书信集》下册，台湾光启出版社、辅仁大学出版社联合出版，1986年。转见广东炎黄文化研究会编：《岭峤春秋——珠玑巷与广府文化》，广东人民出版社，1998年，第307页。

2　吴尚时：《乐昌峡》，载《地理集刊》，1943年第12期。转见司徒尚纪：《岭南历史人文地理——广府、客家、福佬民系比较研究》，中山大学出版社，2001年，第194页。

箱,然后再运广东放洋。故湘潭及广州间,商务异常繁盛,交通皆以陆(指过岭一段)为主。劳动人民肩货往来南风岭(实指南风坳,原文为Nanfon Pass)者不下十万人。南风岭地处湘潭与广州之中途,为往来必经之孔道。道旁居民咸赖肩挑背负为生",[1] 这其中一大类货物为粤盐。再有是粤东韩江上游汀江道,由大埔三河坝北上闽西中心宁化石壁再转各地。宋以前,这条水道没有开通,闽西所需食盐依赖闽江从福州起解。由于闽江滩多险恶,盐运十分困难,价钱昂贵,汀州(今福建长汀)百姓怨声载道。南宋绍定五年(1232年)汀州知州事李华、长汀县令宋慈恳请"更运潮(州)盐",获得批准。"汀(州)人之食潮盐,自是时始"。[2] 梅城、三河坝、汀州等城镇成为商旅,货运中转站。北上的主要为海盐,南运的为江西和闽西各地的木材、毛竹、土纸等特产。直到明清,此"路通闽汀,货贩不绝"。[3] 潮州盐有力地支持了闽西经济和社会发展。

1949年广东(含海南)盐田面积6 878公顷,原盐产量124 769吨,到1984年分别上升到15 202公顷和603 839吨,相应增加了2.2倍和4.8倍。[4] 广西原盐产量从1949年不足6 000吨提高到1978年125 338吨,增长近20倍。[5] 南海盐场主要集中在海南岛、粤西和桂东南,大型盐场

1　容闳:《西学东渐记》,载《走向世界丛书》(一),岳麓书社,1985年,第84页。

2　(清)光绪《长汀县志·盐法志》。转见李文生、张鸿祥编:《客家首府——汀州揽胜》,厦门大学出版社,1993年,第8页。

3　(清)康熙《程乡县志》卷一,《舆地志》。转见司徒尚纪:《岭南历史人文地理——广府、客家、福佬民系比较研究》,中山大学出版社,2001年,第198页。

4　广东省海岸带和海涂资源综合调查大队、广东省海岸带和海涂资源综合调查领导小组办公室编:《广东省海岸带和海涂资源综合调查报告》,海洋出版社,1988年,第432页。

5　广西壮族自治区海岸带和海涂资源综合调查领导小组编:《广西壮族自治区海岸带和海涂资源综合调查报告》第一卷,1986年,第442页。

都在这一带。1982 年广东（时含海南）有盐场 33 处，即饶平柘林、海山、浮洲场；南澳岛深澳、后宅场；汕头达濠场；海丰田坑、东涌场；惠东大场、港尾、范和港场；阳江沙扒场；茂名电白陈村、电白场；湛江东海岛场、徐闻场、海康（今雷州）望楼、乌石、海康场；海南琼山塔市场、文昌清澜场、万宁港北场、三亚铁炉、榆亚场、莺歌海场、东方感恩、八所、新街、四必、南罗场、儋县新英场、临高新盈、马袅场。这些盐场以莺歌海盐场规模最巨大，占地面积达 3 793 公顷，常年产盐 50 万吨，化工原料 15 万吨，是全国最大盐场之一，与天津塘沽盐场、江苏淮北盐场齐名。这里原是一片荒凉寂寞沙荒草原。1958 年大规模建场，成为广东特别是海南人民在开发海洋方面的一项壮举。1959 年 2 月，郭沫若到此视察，热情地赞美："盐田万顷莺歌海，四季常青极乐园。驱使阳光充炭火，烧干海水变银山。"

盐业本少利厚。中华人民共和国成立以来，广东盐业为国家积累大量资金，1949—1984 年上缴的税利就达 23 亿元。广盐除了满足省内的需要以外，还供应广西、湖南、湖北、云南、贵州、河南、江西等省区几亿人口的食用盐，部分远销中国香港、中国澳门、马来西亚、新加坡等国家和地区，为国家增加了大量的外汇收入。从文化形态来看，这也是南海海洋文化对外辐射的一种表现。

3. 海盐的制度管理文化

盐业为封建国家重要的经济收入来源。春秋战国时期，北方齐国和南方吴越以渔盐之利为富国之本。西汉桓宽《盐铁论》说"盐铁之利，所以佐百姓之急，足军旅之费……有益于国"。[1] 汉初，刘邦分封的吴王刘濞曾"煮海为盐"，以盐利作为起兵谋反的经济支柱。故自古以来，食盐官营成为一项制度，也是海洋制度文化的一项重要内容。

1　（西汉）桓宽著：《盐铁论·非鞅》。转见中国学术名著提要编委会编：《中国学术名著提要》 第一卷　先秦两汉编、魏晋南北朝编，复旦大学出版社，2019 年，第165页。

《汉书·地理志》记汉初在南海郡番禺、苍梧郡高要设盐官，开始对南海产盐实行官营政策。但南海远僻，中央政府难免鞭长莫及。所以春秋时期，官府已在中原地区施行的按人口供应食盐，并制成册籍的"盐筴"制度，在南海地区未见记载。明人唐胄曰："盐筴专于管，世代沿至今，读唐《地理志》，知琼列盐（筴）"。[1] 由此可知，岭南应自唐代起编制食盐人口的册籍。《万历琼州府志》指出"按唐《地里（理）志》，容琼、宁远、义伦等县，各注有盐而无则例"。[2] 有法不依，或执法不严，恐非海南一地，谅岭南大都不例外。

宋平南汉国后，从北宋开宝四年（971年）四月起实行榷盐制度，即一方面统购民盐，"潮、恩州百姓煎盐纳官，不给盐本，自今与免役，或折税"。[3] 另一方面，实行官运官卖政策，说明在官卖政策之下，也有变通的作法。就像酿酒一样，在中原严行官酿，而在岭南的限制甚少，可自由经营，以致民间酿酒成风，竞相高下，产生了不少好酒。在这种政策之下，南海沿岸地区盐业兴盛一时，南宋绍兴三十二年（1162年）广南东、西两路（今广东省和广西壮族自治区）产盐28 137 450斤（14 068 725千克），约占全国9.7%。[4] 从这个事例可窥见南海海洋文化之变通性和包容性之一斑。

元代政治苛暴，虽亦如过去各朝，食盐由政府专卖，按户派销，但已发展为扰民苛政之一。《新元史·食货志》盐法篇即有论及广东盐

1　（明）正德《琼台志》卷十四，《盐场》按语。转见《物产中国》编委会编：《物产中国·百越之地》，中国质检出版社，2019年，第267页。

2　（明）戴熺、欧阳灿总纂；（明）蔡光前等纂修：《万历琼州府志》（上），海南出版社，2003年，第251页。

3　（清）徐松辑、刘琳等校点：《宋会要辑稿》，上海古籍出版社，2014年，第6498页。

4　（清）徐松辑、刘琳等校点：《宋会要辑稿·食货之二十三》，上海古籍出版社，2014年。转见司徒尚纪：《岭南海洋国土》，广东人民出版社，1996年，第105页。

课害民之事。至元二年（1265年）监察御史韩承务说："广东道所管盐课提举司，自至元十六年（1279年）为始，止办盐额六百二十一引（124 200千克），自后累增至三万五千五百引（7 100 000千克），延祐间（1314—1320年）又增余盐，通正额计五万五百五十二引（10 110 400千克）。灶户窘于工程，官民迫于催督，呻吟愁苦，已逾十年……窃意议者，必谓广东控制海道，连接诸蕃，船商辏集，民物富庶，易以办纳，是盖未能深知彼中事宜。本道所辖七路八州，平土绝少，加以岚瘴毒疠，其民刀耕火种，巢颠穴岸，崎岖辛苦，贫穷之家，经岁淡食，额外办盐，卖将谁售？所谓富庶者，不过城郭商贾与舶船交易者数家而已。灶户盐丁，十逃三四，官吏畏罪，止将见存人户，勒令带煎。"[1]

广海盐课提举司所辖盐场的盐民也同样痛苦不堪，同书记载："至元五年（1268年）三月，湖广行省言'广海盐课提举司额盐三万五千一百六十五引（7 033 000千克）'。余盐一万五千引（3 000 000千克）。近因黎贼为害，民不聊生，正额积亏四万余引（800多万千克），卧在库收。若复添办余盐，困苦未甦，恐致不安。事关利害，闻奏除免，庶期元额可办，不致遗患边民。户部议：'上项余盐，若全恢办，缘非元额，兼以本司僻在海隅，所辖灶民，累经掠劫，死亡逃窜，民物凋弊，拟于一万五千引（3 000 000千克）内，量减五千引（1 000 000千克），以纾民力。'中书省以所拟奏闻，得旨从之"[2]。

据《元史·百官志》统计，广东和广海提举司盛时共产盐约10万引（20 000 000千克），约占全国盐总产量4%。而据《元典章》所载，两提举司每年共产盐2.4万引（4 800 000千克），占全国1 716 670引（343 334 000千克）的1.3%。[3]无论哪种史料来源都反映元代南海盐

1　何绍忞撰：《新元史·卷三三～卷八七》卷七一，吉林人民出版社，1995年，第1609—1610页。

2　何绍忞撰：《新元史·卷三三～卷八七》卷七一，吉林人民出版社，1995年，第1610页。

3　（元）《元典章》卷九，《吏部三》。转见司徒尚纪：《中国南海海洋文化史》，广东经济出版社，2013年，第125页。

区在全国地位下降，不及宋代。

明初，在全国实行"配户当差"的"招户制度"，濒海从事盐业的，定为灶籍，灶籍者即灶户。一旦被编入灶户，必须"世守其业"，代代相传。编入灶户者包括前朝遗留灶户、罪犯、新编盐场附近有田产、丁力的民户。明初，仅广东、海北二盐课提举司，"昔时民户蜑户见灶户免差，皆求投入盐司"。[1]明政府规定"灶丁按册办盐"，即要完成规定产盐数量，"日办三斤（1.5千克），夜办四两（0.2千克）"，称为"日课"，即每个灶丁一昼夜要完成三斤四两（1.7千克）的生产任务。因灶丁可免其他差役，所以初时要求成为灶户者不少。海南地方志称："国朝洪武初，灶户除正里甲正役纳粮外，其余杂泛差徭并科派等项悉皆蠲免。后来州县吏不体盐丁，日办三斤（1.5千克），夜办四两（0.2千克），不分昼夜寒暑之苦，科役增害。至正德初，盐法佥事吴廷举查申各该旨敕及抚按区处事例。"[2]在这种政策和管理之下，据嘉靖《广东通志》载，洪武年间，广东全省灶丁约5万人，占全省人口1.65%，[3]产盐73 800引（14 760 000千克），[4]占同期全国盐产量20%，[5]上升速度超过以往各朝。又据孙承泽《春明梦余录》载，广东盐课岁入太仓银每年约两万两，而明嘉靖十年（1531年）广东缴铁课银才8290两，[6]

1　《皇朝经世文编》卷一六三，《陈民便以答明昭疏》。转见丁守和等主编：《中国历代奏议大典》，哈尔滨出版社，1994年，第1086页。

2　（明）唐胄编纂：《正德琼台志》（上），海南出版社，2006年，第328页。

3　（明）嘉靖《广东通志》卷二十六，《民物志·盐法》。转见司徒尚纪：《岭南史地论集》，广东省地图出版社，1994年，第18页。

4　按：每引＝200公斤。

5　（明）李东阳等纂：《大明会典·户部》。转见司徒尚纪：《中国南海海洋文化史》，广东经济出版社，2013年，第187页。

6　（明末清初）孙承泽撰：《春明梦余录》卷三十五。转见司徒尚纪：《岭南历史人文地理——广府、客家、福佬民系比较研究》，中山大学出版社，2001年，第103页。

远在盐课之下。故户部尚书李池华在奏疏中谓"国家财赋所称盐法居半"[1]。广盐远销南岭以北诸省区，"广盐行则商税集而军饷足；广盐止则私贩兴而奸弊滋"。[2]可见盐业兴衰与广东地方财政收支，甚至与军队给养，所关甚巨，这都离不开海洋。

灶户盐丁不但要完成官府定额盐课和差役，而且工作条件十分艰苦，还不时受兵寇海贼杀掠，一些盐丁被迫逃亡。顾炎武在《天下郡国利病书》中指出："民间户役最重者莫如灶户。"[3]范端昂《粤中见闻》也指出"天下人惟盐丁最苦"。[4]但以屈大均对盐丁最了解。因屈大均长年生活在珠江三角洲的海边，又受海南定安知县张文豹之邀，上岛修《定安县志》，悉知海南盐丁生活之艰辛。他在《广东新语·食语》中写道："凡民之劳者农，苦者盐丁。竭彼一丁之力，所治盐田二三亩（1 000多平方米）。春则先修基围，以防潮水；次修漏池，以待淋卤；次作草寮，以覆灶；次采薪蒸，逾月而后返。次朋合五六家，同为菁盘，一家煎乃及一家。秋则朝而扬水暴沙，暮则以人牛耙沙。晴则阳气升而盐厚，八九日一收淋卤；雨则阳气降，沙淡而盐散，半月之功尽弃矣。而筑田筑灶，工本繁多，往往仰资外人，利之所入，倍而出之。其出盐难，行盐之路又远，不得不贱售于商人，盖困弊未有极也。"[5]

这段文字不但记述了晒盐工艺的过程，而且将盐丁的辛勤劳作和所

1　中国财政史编写组编著：《中国财政史》，中国财政经济出版社，1988年，第368页。

2　（清）龙文彬撰：《明会要》卷五十五，《盐法》。转见司徒尚纪：《雷州文化概论》，广东人民出版社，2014年，第202页。

3　陈诗启：《明代官手工业的研究》，湖北人民出版社，1958年，第173页。

4　（清）范端昂撰、汤志岳校注：《粤中见闻》，广东高等教育出版社，1988年，第61页。

5　（清）屈大均著、李育中等注：《广东新语注》，广东人民出版社，1991年，第341页。

受的残酷盘剥披露无遗，也体现作者对盐丁的人文关怀。而"劳者农，苦者盐丁"的比较，折射出海洋文化比大陆文化承受了更多的艰辛和风险。明中叶，随着商品经济发展，广东灶户盐课可以折色交纳，先后实行过盐课折米和折银交纳制度。灶户只要交足盐课米或银，其生产就可以不受政府的干预，获得一定的经营自主权，还可以从事农业或工商业，对官府的人身依附关系也相对松弛。如明代儋州博顿兰馨场灶丁"有煎而纳课者，有耕耘而纳课者，有挑担而纳课者"。[1] 入清以后，官府对食盐官卖制度又有所放宽。道光《琼州府志·经政志·盐法》云："琼属四面环海，遍地产盐，均系灶丁自煎自卖，并无发帑、收盐、配引、转运等事。前代俱设提举场，免埠商转运。今一并裁省，课银归府州县经理，每年照额征收完解。"[2]

由此看来，至少到清道光年间（1821—1850年），官营食盐制度在广东和广西已被瓦解，而代之以在一定范围内自由流通，显示商品价值规律在食盐生产、流通领域日益发挥作用。民国以降，盐业开放经营，各路盐商大贾，四处采办食盐，周流各埠，琼州是产盐大户，采购者最多。当然，这其中还有很多营盐规章制度作为规范。但从官营到民营的转变，说明食盐作为海洋产品，已突破封建商品经济限制，加入了更多资本主义商品经济因素。这恰好发生在鸦片战争前后，其时资本主义萌芽在岭南地区破土而出，在食盐产销上发生变革，折射出"以海为商"海洋商业文化逐渐抬头，与"以海为田"传统海洋农业文化正在碰撞和融合之中，并且呈现前者取代后者之势。

1　（清）朱廷立著：《盐政志》卷七，吴廷举：《处理广东盐法》。转见林文勋、黄纯艳等：《中国古代专卖制度与商品经济》，云南大学出版社，2003年，第354页。

2　（清）明谊修、张岳崧纂：《道光琼州府志（第二册）》，海南出版社，2006年，第651页。

四、岭南以海为商的海洋商业文化

自然经济下的南海海洋农业文化，大多发生在海洋边缘，而使人类进入海洋深处的只有海上贸易，亦即"以海为商"。只有达到海洋深处才使人类产生征服海洋的胆识、谋略和勇气，才使人类到远离大陆的海洋去冒险，故海上贸易是人类海洋文化的主要内容，也是海洋文化发展的一个高级阶段。

南海背靠中国大陆，有广大陆向腹地；前临南太平洋，有多个东南亚国家环绕，为这些东南亚国家的海上交通要冲，并拥有巴士海峡、巴林塘海峡、马六甲海峡等沟通太平洋和印度洋，海向腹地更是非常宽广。这都为南海海上贸易奠定强大的自然、经济和社会基础。自古以来，南海沿岸居民即假道南海通道，走上与世界各地商业往来之路，并由此带动与之相关的经济发展，如造船业、航海业、海上安全保障等。在当代经济全球化和空间一体化背景下，以海为商的南海海洋文化更突破海洋空间限制，几乎以全球海洋作为显示自己存在和发展的平台。

（一）南海海洋商业的历史发展阶段特点

在南海长达 2000 多年延绵不断的海上商业贸易史上，按照国家贸易政策、经济发展程度、航海技术、商品构成、贸易国家等差异，南海海洋商业贸易大致可分为如下几个发展阶段：

1. 秦汉时期南海海上贸易初始

这一时期，南海北部沿海地区先后纳入中央王朝版图，还处在经济初步开发状态。但这一地区的许多热带产品为中原北方所欠缺，且可从南海周边一些地区获得进口补充，所以与这些国家和地区的海上贸易不可或缺，自秦汉以降即在古越人与海外交往的基础上，开始了官方和民间的海上商业活动。

据《史记·货殖列传》《汉书·地理志》和《后汉书·地理志》等记载，秦汉时在南海北部海岸的港口有番禺、徐闻、合浦等，沿中南半岛海岸航行到南海西部、印度洋北部沿海各国，回来一趟约需三年时间。

据史籍记载和广州南越王墓出土文物考证，出口商品主要有丝织品、黄金、陶器、青铜器等；进口商品主要有珠饰、犀角、象齿、玳瑁、璧、琉璃、珊瑚、玛瑙、水晶、香料、银盒、金花泡饰、陶熏炉、陶灯俑等。其中丝织品最为大宗，如大秦（今罗马）"又常利得中国丝，解以为胡绫，故数与安息诸国交市于海中"。[1]外国典籍也记载中国丝输往海外史实。罗马博物学者普林尼（Gaius Plinius Secundus，23—79年）在《自然史》中指出"赛里斯国（中国）林中产丝……后织成锦绣文绮，贩运至罗马。富豪贵族之夫人娇媛，裁成衣服，光辉夺目……奢侈之风由来渐矣。至于今代，乃见凿通金山，远赴赛里斯国以取衣料……据最低之计算，吾国之金钱，每年流入印度、赛里斯及阿拉伯半岛三地者，不下一万万赛斯透司（sesteces、罗马货币）。此即吾国男子及妇女奢侈之酬价也"。[2]丝绸作为一种很有文化品位的商品，在欧洲产生深远影响，当地连衣着、社会风气都发生改变，这是南海海洋文化辐射力最早效应之一。故后把这种海上商业贸易和以它为中心和平友好海上往来，美称为"海上丝绸之路"。

秦汉时番禺（今广州）虽未能直接与海外通航，但作为一个港市却毋庸置疑。《史记·货殖列传》列举西汉前期全国18个重要商业都会，番禺是其中之一。上述广州汉墓出土大量舶来品，即可窥见汉代番禺与中亚、南亚诸国贸易盛况。东汉时期，我国与西方各国海上商贸发生很大变化，不但与天竺（今印度），而且与大秦（今罗马）也有海上往来。东汉桓帝延熹二年（159年）、四年（161年），天竺屡遣使从日南（今越南顺化）缴外来献方物。东汉安帝永宁元年（120年），掸国（今缅甸）王雍遣使来华，带来大秦国魔术（幻人）。东汉顺帝永建六年（131年），

1　（西晋）陈寿：《三国志》卷三十，引《魏略·西戎传》。转见白寿彝主编：《中国通史》第四卷，上海人民出版社，2007年，第681页。

2　张星烺编、朱杰勤校：《中西交通史料汇编》第一册，中华书局，1977年，第20—22页。

叶调国（在苏门答腊岛）使者首次来汉。[1] 故东汉时，中国商船已从广州港出发，直航东南亚，经印度洋抵达罗马，广州成为海上丝绸之路始发港之一。广州港拥有其他港口难以企及广阔的大陆和海上腹地，不但内地大商富贾云集广州，"抱布贸易，交易而至"，[2] 而且以上海洋文化由此直接登陆广州，改变了以前海上贸易的状况。

2. 魏晋南北朝时期南海海上贸易发展

这一时期，中国处于政权分裂时期，但岭南相对安定，有利于地区经济和社会的发展。吴黄武五年（226年），孙吴政权将合浦以北划入广州，以南划入交州（今越南）。后虽有反复，但这一改区建置的变迁，进一步确定了番禺在岭南的政治和经济地位，使番禺在南海商贸上进入一个新阶段。孙吴政权也颇重视发展海外贸易事业，"以舟楫为舆马，以大海为夷庚"，[3] 曾在今福州建立造船基地。可造载重量3 000人"大舡"，但"篙工楫师，选自闽、番（禺）"。[4] 显示广州航海技术和人才达到较高水平。另外，孙吴时期，南海航线已直接从广州启航，经今香港屯门，下海南岛东北角七洲洋，进入西沙、南沙海域，抵达东南亚诸国。这条新航线的开辟，使南海商贸有了新的贸易对象。加之北江和浈、武二水经过整治，与内地交通有所改善，促进海上贸易更加频繁兴旺。而南朝政权对江南经营重视有加，经济持续发展，江南蚕桑业盛况空前，丝织品产量大增，品种众多，出现"天下米谷布帛贱"[5] 局面，

1　（南朝）范晔：《后汉书·顺帝纪》。转见《东南亚历史词典》编辑委员会编：《东南亚历史词典》，上海辞书出版社，1995年，第103页。

2　（清）光绪《韶州府志》卷二十七，《周昕传》。转见伍庆禄、陈鸿钧：《广东金石图志》，线装书局，2015年，第17页。

3　转见陈代光：《广州城市发展史》，暨南大学出版社，1996年，第259页。

4　（西晋）左思：《吴都赋》。转见陈代光：《广州城市发展史》，暨南大学出版社，1996年，第259页。

5　庄辉明：《南朝齐梁史》，上海古籍出版社，2015年，第238页。

南朝政权下令收购"丝绵纹绢布",以供出口。瓷器制造业也应时兴起,同为大宗出口商品,广州是最重要的口岸之一,这都为南海海上贸易提供了新的背景和发展契机。

当时的海上贸易范围不仅包括东南亚诸国,而且西到印度和欧洲地中海一带。广东英德、曲江、遂溪出土波斯萨珊王朝银币,说明广东与西亚海上贸易范围也不限于广州一地,南海北部的一些港湾也加入南海贸易之列。如《梁书·王僧孺传》记载"(梁)天监初,(王僧孺)出为南海太守,郡常有高凉生口及海舶每岁数至,外国贾人以通货易,旧时州郡以半价就市,又买而即卖,其利数倍,历政以为常"。[1]"高凉"郡在今阳江至茂名一带,既有奴隶舶运至广州贩卖,则其地也应有海上贸易港,参与南海商贸往来。当然,这些港址有待深入研究和发掘。

3. 隋唐五代时期南海海上贸易兴盛

隋封建统一国家的再造,为经营南海提供强大政治基础。隋开皇十四年(594年),隋在广州南海镇建南海神庙,祀南海神祝融,显示对海外贸易重视有加。而隋开大运河,沟通黄河长江两大水系,与岭南交通也比过去方便。李吉甫谓:"炀帝……开通济渠……自扬、益、湘南至交、广、闽中等州,公家运漕,私行商旅,舳舻相继。"[2]交州、广州既得漕运方便,腹地更为宽广,货流更为充足。《隋书·地理志》称:"南海交趾,所处近海,多犀象玳瑁珠玑,奇异珍玮,故商贾至者多取富焉。"[3]南海神庙是广州海上贸易新里程一个标志,而粤东潮州,曾是隋将陈稜、张镇州发兵攻流求始发港,"流求人初见舰舩,以为商

1　(唐)姚察、姚思廉撰:《梁书》卷三十三,《王僧孺传》。"生口":俘虏、奴隶或被贩卖的人。转见关立勋主编:《中外治政纲鉴》(上),人民日报出版社,1991年,第119页。

2　(唐)李吉甫:《元和郡县图志》卷五。转见王仲荦:《隋唐五代史》(下),上海人民出版社,1990年,第60页。

3　陈灿编著:《中国商业史》一册,商务印书馆,1925年,第53页。

旅，往往诣军中贸易"。[1] 潮州自此兴起为南海贸易在粤东一大港口，逐渐发展为南海海洋文化一个新基地。

基于唐中叶以后，全国经济重心南移，"而海外诸国，日以通商，齿革羽毛之殷，鱼盐蜃蛤之利，上足以备府库之用，下足以瞻江淮之求，而越人绵力薄材，夫负妻戴，劳亦久矣"。[2] 为了改善广州与内地的交通，唐开元四年（716年），张九龄奉令开凿大庾岭道，使北江航道与赣江相接，极大地促进岭南与内地交流，南海港湾陆向腹地大为延伸，尤其是伸展至全国经济重心——长江中下游地区。唐代南海海上贸易之所以出现盛况空前，成为"以海为商"第一个鼎盛时期，由两方面原因促成。

首先是"广州通海夷道"开辟。据贾耽《皇华四达记》（后收入《新唐书·地理志》）所载，这条海上交通贸易通道，从广州出发，分成两条支线，一条是经南海、印度洋沿岸到达亚丁湾和红海地区；另一条是从广州到达日本。第一条线被唐人称为"广州通海夷道"，亦即被后世纳入"海上丝绸之路"最远一条航线，全长约1.4万千米，沿途经过九十多个国家和地区。第二条线以广州为中心，形成横贯南海、东海海上交通网络。在这个网络上，唐代阿拉伯地理学者易逢达里认为，中国贸易港从南往北数分别是劳京（今交州）、坎富（今广州）、占府（今泉州）、干都（今扬州）。"然此等贸易港中，自当推广州最繁昌"，[3] "有唐一代，广州确为南中国之第一外国贸易港"。[4] 此外，雷州、恩州、潮州等都有港口参与南海海上贸易大市场。

1　（唐）魏徵主编：《隋书》卷六十四，《陈稜传》。转见陈光崇、廖德清主编：《中国古代史》（下），辽宁大学出版社，1985年，第17页。

2　（唐）张九龄：《曲江集》卷十一，《张九龄开大庾岭记（佚）》。转见（清）阮元主修、梁中民校点：《广东通志·金石略》，广东人民出版社，2011年，第63页。

3　周谷城：《世界通史》第二册，商务印书馆，2005年，第564页。

4　陈代光：《广州城市发展史》，暨南大学出版社，1996年，第271页。

　　其次，隋唐南海海上贸易规模巨大，灿然可观。中西交通史专家张星烺做过统计，唐代每日到广州外舶约 11 艘，一年约有 4 000 艘。设每艘载客 200 人，则平均每日登陆广州者有 2 200 人，一年约有 80 万人。[1] 这些登陆者来自大食（今阿拉伯地区）、波斯（今伊朗）、天竺（今印度）、狮子国（今斯里兰卡）、真腊（今柬埔寨）等国。据阿拉伯旅行家苏莱曼记载，唐乾符五年（878 年）黄巢起义军攻占广州，有 12 万伊斯兰教徒及其他商人被害。[2] 由此可以推测广州海外贸易之盛。唐天宝七年（748 年）鉴真和尚第五次东渡日本未成，漂流至海南振州（今三亚），后转辗到广州，见珠江河上"有婆罗门、波斯、昆仑等舶，不知其数，并载香药、珍宝，积载如山；其舶深六七丈（20 多米）。狮子国、大石（食）国、骨唐国、白蛮、乌蛮等，往来居（住），种类极多"。[3] 苏莱曼也说广州是"商船所停集的港口，也是中国商货和阿拉伯商货所荟萃的地方"。[4] 唐代中国除经广州输出丝绸、陶瓷以外，丝织工人和生产工具也传入波斯、阿拉伯各国。唐人杜环《经行记》指出大食国："四方辐辏，万货丰贱，锦绣珠贝，满于市肆……绫绢机杼，金银匠、画、汉匠起作画者，京兆人樊淑、刘泚，织络者，河东人乐環、吕礼"。[5] 这样，假道南海丝绸之路，中国文化以人员为载体，传播至中东、西亚等地，这是从唐代开始出现的一种新的海洋文化传播方式。

　　五代十国时期，岭南为南汉刘氏政权割据，社会相对安定，经济有

　　1　张星烺：《中西交通史料汇编》第二册，中华书局，1977年，第204页。

　　2　向达：《中外交通小史》第五章，商务印书馆，1947年，第39—40页。

　　3　（日）真人元开著、汪向荣校注：《唐大和上东征传》，中华书局，2000年，第74页。

　　4　（阿拉伯）苏莱曼著、刘半农等译：《苏莱曼东游记》，华文出版社，2016年，第17页。

　　5　（清）陈运溶辑撰：《麓山精舍丛书》，岳麓书社，2008年，第226—227页。

所发展，其中的一个原因是高度重视海上贸易，采取了一系列促进海上贸易的政策，如废除"市舶制"，实行自由贸易；鼓励"招徕海中蛮夷商贾"，修建"经营海上通商事业，增辟良港"，推行"岭北商贾至南海者，多召之，使升宫殿，示以珠玉之富"[1]等。961年，南汉后主刘𬬮尊南海神为昭明帝，"庙为聪正宫，其衣饰以龙凤"，[2]这个封号使南海神的地位达到了历史巅峰，说明南汉政权视海上贸易为其经济生命线。

4. 宋元时期南海海上贸易持续发展

宋王朝积极拓展海外贸易，致力于招徕外商，同时鼓励华商下海。为加强海上贸易管理，宋朝多数时间只置广州和泉州两市舶司，志称："国朝……置官于泉、广以司互市，可见自乾道至宝庆的六十年，南海贸易常以泉、广二州为重。"[3]在交通方面，唐开大庾岭道和开辟福建至广州海道，使"大船一支，可至千石"，运力大大提升，加强了广州在海上交通上的地位。[4]宋代又疏通交州、邕州（今南宁）至广州间的海上通道，清除沿线的礁石，航船更方便利用西南季风抵达广州，由此出现了"舟楫无滞，岭南储备充盈"[5]的局面。宋代使用指南针导航，航船可从广东沿海各港直接经西沙群岛放洋，加上造船技术进步；"中国海舶特别大，只有中国的船能在风流险恶的波斯湾通行无阻。中国的货船运至波斯湾畔的尸罗夫（今伊朗南部）港后，换新船过红海，到达埃及"。[6]遂

1　岳麓书社编：《二十五史精华3》，岳麓书社，2010年，第1934页。

2　（明）解缙原著、刘凯主编：《永乐大典》第3册，线装书局，2016年，第1171页。

3　（南宋）赵汝适：《诸蕃志·自序》。转见陈代光：《广州城市发展史》，暨南大学出版社，1996年，第294页。

4　（晋）刘昫监修，张昭远、贾纬等撰：《旧唐书·懿宗本纪》。转见陈代光：《广州城市发展史》，暨南大学出版社，1996年，第295页。

5　（越南）佚名撰：《越史略》卷一，中华书局，1985年。转见陈代光：《广州城市发展史》，暨南大学出版社，1996年，第295—296页。

6　（阿拉伯）苏莱曼：《中国·印度游记》。转见陈代光：《广州城市发展史》，暨南大学出版社，1996年，第297页。

使南海贸易出现了新面貌。

元朝政府也一如宋朝政府重视发展海外贸易，宋代怀远外商，保护其在华利益政策，这一做法在元代得到继续。如元朝政府对政绩优秀的外贸官员奖励有加，规定对舶商、水手等人的家属"合示优恤所在州县并与除免杂役"。[1]这样，宋、元时期，南海上风帆浪舸，展现出一派兴旺贸易的景象。

宋、元时期广州仍保持全国最大外贸港的地位。云集广州的"多蕃汉大商"，[2]"珍货大集"，[3]海外舶船岁至，"外国香货及海南旅客所聚"。[4]据载北宋熙宁至元丰年间（1068—1085年），"明（州）、杭（州）、广州市舶司博到乳香，计三十五万四千四百四十九斤（177 224.5千克），广州收三十四万八千六百七十二斤（174 336千克）"，[5]占三地总和的98%。因此，在三个市舶司中，"实只广州最盛也"。[6]

在1987年阳江海域发现的，2007年12月22日打捞出水的宋代沉船"南海Ⅰ号"中，既发现有浙江、江西、福建生产的瓷器，又清理出西亚风格的金、银、铁器及各种饰物，生活用品等。历史地理学者把这

1　《中国海关通志》编纂委员会编：《中国海关通志》第六分册，方志出版社，2012年，第3789页。

2　（南宋）李焘：《续资治通鉴长编》卷九十四，天禧三年九月乙卯条。转见叶曙明：《广州传》（上），广东人民出版社，2020年，第241页。

3　（元）脱脱撰、刘浦江标点：《宋史》卷二八〇至卷三三四，吉林人民出版社，1998年，第7056页。

4　（南宋）李焘：《续资治通鉴长编》卷三一〇，元丰三年十一月庚申条。转见广东省地方史志编纂委员会编：《广东省志·丝绸志》（下），广东人民出版社，2004年，第1224页。

5　（清）梁廷枏：《粤海关志》卷三，《前代事实》。转见广东省地方史志编纂委员会编：《广东省志·丝绸志》（下），广东人民出版社，2004年，第1224页。

6　（清）梁廷枏总纂、袁钟仁校注：《粤海关志》（校注本），广东人民出版社，2002年，第37页。

艘船形容为宋代南海海上贸易的一个缩影。中山大学教授黄伟宗、司徒尚纪认为这艘船具有很高的文化品位，是"中国海洋文化之窗"，并把这艘船命名为"海上敦煌"。据宋周去非《岭外代答》、赵汝适《诸蕃志》等史籍记载，海外与宋朝有政治、经济往来的国家和地区 50 多个，远远超过唐代，而按元代陈大震《南海志》和汪大渊《岛夷志略》所列，元代和我国进行对外贸易的国家和地区分别为 140 多个和近 100 个。这些国家和地区与宋元海上贸易，大都经过广州。元代广州"珍货之盛，亦倍于前志所书者"。[1] 广州"外国衣装盛，中原气象非"，[2] 广州充满异国情调，做生意的外国人特别多，宋人程师孟《题共乐亭》有"山海是为中国藏，梯航尤见外夷情"之句，宋人葛长庚《题南海祠》有"圣朝昌盛鲸波息，万国迎琛舶卸樯"[3] 之句，均表现了当时广州港海舶一片繁忙的景象。

实际上，宋、元时期南海北部已兴起不少港市，皆借助南海贸易而称盛一时，在粤东有潮州港。在宋代韩江出海口附近兴起的还有鮀浦港（今为汕头市金平区鮀江街道桥头、云露、木坑、夏趾一带）、揭阳港、辟望港（在今澄海）等。在雷州半岛代表性港市有海康港（在今雷州市北和镇），王象之《舆地纪胜》说："州多平田沃壤，又有海道可通闽浙，故居民富实，市井居庐之盛，甲于广右"。[4] 宋代两次拓建雷州城，保护海上贸易和缉卖私盐的巡检官。在南海航线上，尚有南恩

1　（南宋）陈大震、吕桂孙编纂：《南海志》卷七，《舶货·诸蕃一附》。转见广东省地方史志编纂委员会编：《广东省志·对外经济贸易志》，广东人民出版社，1996年，第38页。

2　（南宋）王象之撰：《舆地纪胜》卷八十九。转见《四库提要著录丛书》编纂委员会编：《四库提要著录丛书·集部》第三三九册，北京出版社，2010年，第64页。

3　广州市地方志办公室编：《南海神庙文献汇辑》，广州出版社，2008年，第234页。

4　（南宋）王象之编著、赵一生点校：《舆地纪胜》卷一〇七一卷一二八，浙江古籍出版社，2012年，第2714页。

州（今阳江、阳春、恩平三地）、钦州等港。如南恩州西南海中有螺洲，亦称漭洲（今海陵岛），朱彧《萍洲可谈》称："广州自小海至漭洲七百里（350千米）。漭洲有望舶巡检司，谓之一望。稍北又有第二、第三望，过漭洲则沧溟矣。商船去时，至漭洲少需以诀，然后解去，谓之'放洋'。还至漭洲，则相庆贺。寨兵有酒肉之馈，并防护赴广州。"[1]而北部湾上钦州则为海北（今徐闻）及交趾（今越南）所产香料集散地。范成大《桂海虞衡志·志香》指出，沉香"其出海北者，生交趾，及交人得之海外蕃舶，而聚于钦州，谓之钦香"。[2]钦香还贩往四川，一年往返一次，交易额动辄几千贯。

5. 明清时期南海海上贸易兴盛

明清时期全国大部分时间实行海禁，但对广东却实行对外开放贸易政策，南海海上贸易不但保留了前期贸易对象和地区，而且随着航海、造船技术的进步，特别是以明初郑和七下西洋为标志的和平友好外交关系的拓展，南海海上丝绸之路航线向全球延伸，先后形成经过南海洋面的广东至非洲大陆最南端的厄加勒斯角航线，广州—澳门—果阿—欧洲航线；广州—澳门—马尼拉—拉丁美洲航线；广州—澳门—长崎航线；广州—澳门—望加锡—帝汶岛航线等航线。到清代，又开辟了广州—北美洲航线，广州—大洋洲航线，广州—俄罗斯航线，香港—各大洲航线，形成全球性航海大循环。同时产生更多对外出口贸易港口，仅粤东明代就有柘林、南澳、樟林、白沙港，在珠江口外有外舶停靠港口或码头，如顾炎武所记"各国夷舰，或湾泊新宁（今台山）广海望峒，或新会奇潭、香山浪白、濠镜十字门，或屯门虎头等海澳、湾泊不一，抽分有则例"。[3]

1　（北宋）朱彧《萍洲可谈》卷二，《广州市舶司旧制》，中华书局，2007年，第132页。

2　（南宋）范成大著、齐治平校补：《桂海虞衡志校补》，广西民族出版社，1984年，第10页。

3　（明）顾炎武撰：《天下郡国利病书》卷一三〇。转见邓端本编著：《广州港史（古代部分）》，海洋出版社，1986年，第162页。

其中以浪白、濠镜（今澳门）最为繁盛。来往广州港中外船舶多停靠于此及启航，故宋应星在《天工开物》指出："闽广（闽由海澄开洋，广由香岙）洋船，截竹两破排栅，树于两旁以抵浪。"[1]明代公私贸易，即"朝贡贸易"或私人贸易，都设法打开传统海外市场，互通有无，用中国传统农副产品和手工业品交换海外香料、药材及珍宝，以满足各阶层的需要。同时，海上贸易也是生财致富之道，时人提出："华夷同体，有无相通，实理势之所必然。中国与夷，各擅土产，故贸易难绝。利之所在，人必趋之。"[2]在这个潮流下，广州继续作为全国最大的外贸基地，"在昔日全盛时，番舶衔尾而至……豪商大贾，各以其土所宜，相贸得利不赀"。[3]广州居民"多务贾与时逐，以香、糖、果、箱、铁器、藤、蜡、番椒、苏木、蒲葵诸货，北走豫章、吴、浙，西北走长沙、汉口。其黠者南走澳门，至于红毛（指在东南亚的荷兰殖民者）、日本、琉球、暹罗斛（今泰国）、吕宋（今菲律宾），帆踔二洋（指东西二洋，即日本和东南亚洲），倏忽数千里，以中国珍丽之物相贸易，获大赢利"。[4]南海上一派繁忙，公私贸易均赖以得益，明万历时，"五方之贾，熙熙水国，剞劂艅艎，分市东西路，其捆载珍奇，故异物不足述，而所贸金钱，岁无虑数十万，公私并赖"。[5]广州由此变得十分富足，明代孙蕡《广州歌》云："广南富庶天下闻，四时风气长如春。长城百雉白云里，城下

1　（明）宋应星著、钟广言注释：《天工开物》，广东人民出版社，1976年，第248页。

2　南炳文、汤纲：《明史》（上），上海人民出版社，2014年，第456页。

3　（清）屈大均著、李育中等注：《广东新语注》，广东人民出版社，1991年，第380页。

4　（清）屈大均著、李育中等注：《广东新语注》，广东人民出版社，1991年，第332—333页。

5　（明）周起元：《东西洋考·序》，北京：中华书局，2000年，第17页。

一带春江水……城南濠畔更繁华,朱楼十里映杨柳,帘栊上下开户牖……岢峨大舶映云日,贾客千家万家室。"[1] 清屈大均《广东新语》称:"濠畔街,当盛平时,香珠犀象如山,花鸟如海,番夷辐辏。"[2] 一派由海上贸易带来的繁华商业文化景象。

明嘉靖十四年(1535年)葡萄牙殖民者到达澳门,开展贸易活动。明万历六年(1578年)正式租借澳门港,"自是诸澳俱废,濠镜独为舶薮矣"。[3] 澳门进出口货物大部分通过广州向各地集散,所以澳门贸易在很大程度上也就是广州贸易,澳门港也成了广州外港,履行着吞吐功能。虽然广州外港不止一处(如佛山亦为广州一外港),但"广州诸舶口,最是澳门雄",[4] 澳门港具有压倒其他港口的优势,从广州出发的船必须经过澳门才放洋。屈大均《广州竹枝词》云:

> 洋船争出是官商,十字门开向二洋。
>
> 五丝八丝广缎好,银钱堆满十三行。[5]

此诗反映南海贸易给广州带来了巨大的经济效益。

清初至鸦片战争前夕,中国海外贸易取消实行已久的市舶制取而代之以"行商"制,即由清政府特许的商行经营海外贸易事业。承揽这种业务的商人称为"洋商",其所开设店铺、货栈统称为"洋行"。在广

1　万伟成:《佛山历代诗歌三百首》,广东人民出版社,2017年,第53—54页。

2　(清)屈大均著、李育中等注:《广东新语注》,广东人民出版社,1991年,第420页。

3　郭棐:《广东通志》卷六十九,《番夷》。转见汤开建主编:《明清时期澳门问题档案文献汇编》第五卷,人民出版社,1999年,第186页。

4　(清)屈大均:《澳门》。转见楚梅编著:《诗境岭南——历代岭南山水诗词选择》,广东人民出版社,2005年,第134页。

5　(清)屈大均著、李育中等注:《广东新语注》,广东人民出版社,1991年,第376页。

州的洋行统称"十三行"。其来源一说是洋行有十三家，另一说为琼货买卖之地，因清代海南琼州府下分十三个州县。不管哪种说法，都不能改变清代对外贸易中官商色彩大为冲淡的现实，另外更为重要的是商品经济在对外贸易中已达较高的发展水平。

在18世纪到19世纪初，西方国家还向中国输出大量白银，仅通过广州输入白银有4亿元左右。[1]这种硬通货，对我国沿海尤其是广东商品经济发展起到重要促进作用。

在这种新的海上贸易背景下，清代南海贸易发展到黄金时期，其主要特征有以下四种：

一是南海各口岸全面开海贸易。梁廷枏《粤海关志》称："粤东之海，东起潮州，西尽廉，南尽琼崖。凡分三路，在在均有出海门户。"[2]该志列举重要关口有省城广州大关、澳门总口、庵埠总口、梅菉总口、海安总口、乌坎总口和海口总口及69处小口，均可对外贸易。有资料显示："每年出洋船只所用舵工、水手、商人等，为数甚多……就粤而论，借外来洋船以资生计者，计数十万人。"[3]这些借海谋生者，遍布世界各地。珠江三角洲五邑一带的商人多奔走北美。如台山商人甘泽农就在道光年间"经商美洲"，[4]番禺商人潘振亭于乾隆年间"往吕宋贸易"；[5]南海商人简照明创办轮船公司，往返于日本、安南、暹罗以及欧美地

1 全汉升：《美洲白银与十八世纪中国物价革命的关系》。转见陈代光：《广州城市发展史》，暨南大学出版社，1996年，第323页。

2 （清）梁廷枏总纂、袁钟仁校注：《粤海关志》（校注本），广东人民出版社，2002年，第59页。

3 中山市档案局（馆）、中国第一历史档案馆编：《香山明清档案辑录》，上海古籍出版社，2006年，第708页。

4 陈柏坚主编：《广州外贸两千年》，广州文化出版社，1989年，第214页。

5 （民国）潘福乐续辑：《番禺潘氏族谱》。转见司徒尚纪编著：《中国珠江文化简史》，中山大学出版社，2015年，第378页。

区从事商业贸易。[1] 这类人物大不乏其例。

二是往来南海商舶数量大为增加。这些商船中既有中国商船，也有外国商船，以广州为主要进出港。据统计，在清代从康熙二十三年（1684年）至乾隆二十二年（1757年），中国仅开往日本贸易商船达 3 017 艘，[2] 相当一部分始发于广州港。其余往南洋各港者难以历数。当然，世界各国取道南海来广东贸易的商船数量更多。这其中有英国、荷兰、丹麦、瑞典、普鲁士等国商船。据统计，从雍正八年（1730 年）到道光十年（1830 年）100 年中，外国商船进入广州贸易吨位增加了 25 倍，其中英国商船吨位增加了 36 倍。[3] 广州作为海上交通枢纽，联结如此众多国家进行海上商贸往来，其繁忙景象是可以想见的。

三是进出口贸易额和商品种类空前增长，昭示南海贸易地位不断提升。据统计，1817—1833 年，广州港出口商品总值达 71 103 372 银圆，同期进口商品总值 107 768 748 两，[4] 广州处于入超状况。广州出口商品来自全国各地，有 80 多种，以茶、丝、绸缎、土布、铜、糖为主，而从欧美各国进口的商品从早期以银圆为大宗到后期转到以鸦片为主，在这一转变中英国充当了主要角色。鸦片大量输入中国，对中国财政、军事、国防、国民健康、道德都产生直接、间接的极大危害，最终导致鸦片战争的爆发，南海贸易成了这场战争的导火线。

四是外国在广州设立商馆。鸦片战争前有英国、法国、荷兰、丹麦、瑞典等 13 家，这些商馆对促进广东海上贸易发展发挥着重要作用，也

1　（民国）冼宝榦总纂：《佛山忠义乡志》卷十四，《人物八》。转见司徒尚纪：《中国南海海洋文化史》，广东经济出版社，2013 年，第114页。

2　据木宫泰彦著、陈捷译：《中日交通史》下册，商务印书馆，1931 年，第327—328页。

3　黄启臣：《海上丝路与广东古港》，中国评论学术出版社，2006 年，第268页。

4　黄启臣：《海上丝路与广东古港》，中国评论学术出版社，2006 年，第269—270页。

作为西方文化在广州的一个桥头堡，有助于西方海洋文明在岭南传播。

自汉以来到清中叶，南海海上贸易，即海上丝绸之路持续了2 000多年。在这条丝路上，中国与世界各国海上政治、经济、宗教、文化等方面的往来是平等、和平、友好的，贸易国相互受惠，共享海洋所赋予的文明，因而海上丝绸之路长盛不衰。从1840年鸦片战争起，强加给中国一系列不平等条约，深刻改变了南海海上贸易的性质。中国与世界各国不再是彼此间和平、友好的往来，而是用铁和血写成的文字。以和平、友好为主旋律的海上丝绸之路历史，至此画上了句号。

6. 近代南海海上贸易曲折发展

鸦片战争后，南海沿岸地区首先沦为半殖民地半封建社会，在帝国主义列强逼迫之下，实行全方位开放，成为近代中国开放通商口岸最多的地区，先后有广州、汕头、海口、北海、拱北、三水、广州湾（湛江）、惠州、新会、香洲埠、公益埠、中山港、雷州港等对外开放。抗战时期，为打破日伪经济封锁，广东又开放汕尾、广海、阳江、电白、水东等12个口岸。1947年中国共有27个总关，在广东的即有6个，为粤海关、九龙关、潮海关、拱北关、江门关、雷州关，[1]基本上将南海北部连成一线，亦充分说明战后广东海上贸易地位持续上升，在全国有举足轻重地位，但呈现不稳定状态。

这一时期南海贸易最大的事件是香港作为国际贸易港的崛起。香港地处太平洋航运中枢，有深水港条件的优势，以及依托中国大陆广阔腹地，取代了澳门航运地位，开辟了香港至我国沿海城市和澳门航线以及欧美、日本的远洋航线。1869年苏伊士运河通航，欧洲往东方的航程大大缩短。香港作为一个自由港，实现"万商云集"。1880年中国约有1/5的进口货物，出口货物的1/3经香港。到1900年，欧美各国与中国贸易货物的1/2经香港转运。19世纪末到20世纪初，香港已发展

1　参见黄启臣主编：《广东海上丝绸之路史》，广东经济出版社，2003年，第630页。

为一个国际性贸易港。20 世纪 30 年代，内地年均输港的商品总量占香港总输入总量的 1/3，抗战后到 1951 年为 24%。上述两个时期同期，香港年均输往内地的商品总量分别占总输出的 40% 和 30%，其中香港对华南贸易额约占其对中国内地贸易额的一半。1 以香港为枢纽的外洋和内河航线抵达世界各大港口和广东省内各地，输出内地土特产，输入各种洋货，集散东西方货物一直是香港作为国际性贸易港的主要功能和基本活动，这种情况继续到中华人民共和国成立前夕。

战后大批洋货从海上涌入中国，岭南首当其冲，传统封建自然经济很快被摧毁，代之以半殖民地、半封建经济。这种变化，恰如时人指出："我们之丝被花旗（美国）打败，我们之棉被红毛（印度）打败，我们之茶被日本打败，我们之纸被红毛花旗各国打败。"2 而这一切变化，与香港作为一个世界贸易转口港有不可分割的关系，它的直接后果是将广东特别是珠江三角洲卷入资本主义世界经济体系，并成为这个体系边缘地区的一部分，从而在实际上给广东带来更多的世界海洋文化特色，并融合为南海海洋文化一部分，这是一个很重要的历史转变。

7. 当代南海海上贸易崛起

1978 年改革开放以来，广东充分利用中央赋予各项优惠政策和灵活措施，发挥毗邻港澳、华侨众多、面向东南亚的区位优势，积极发展外贸，开创了前所未有的海上经济活动，不但进出口贸易总额大幅度增加，而且在利用外贸和先进技术方面取得很大成绩，投资环境日臻完善，出现南海海上贸易崛起的新格局。

改革开放初期，广东（含海南）外贸在经历权力的集中和下放过程，并取得种种教训以后，终于形成从国家直接干预转向宏观调控格局，从而使广东外贸走上腾飞道路。据统计，广东外贸出口额已从 1984 年的

1　司徒尚纪、曹小曙、朱竑等：《环中国南海文化》，商务印书馆，2014年，第276页。

2　李文治编：《中国近代农业史资料》第一辑　1840—1911，生活·读书·新知三联书店，1957年，第449页。

21.15 亿美元上升到 1987 年的 55.6 亿美元，增长 2.58 倍。1984 年广东出口总额占全国第一位。[1] 这个地位的改变，昭示着南海海上贸易地位同步增长。

随着改革开放的进一步深入，国家对经济事务的直接干预继续减少，市场经济从"自由放任"逐渐转入规范化。广东对外贸易总体战略做了新的调整，即充分利用港口优势，以外贸为导向，大力发展现代化的外向型经济，把产业结构和产品结构的调整纳入对外开放轨道，建立高新科技产业，参与国际竞争，带动全省经济全面振兴。这种转变，进一步发挥南海航运和贸易优势，并很快表现出它的经济效益。

据海关统计，2021 年广东全省实现进出贸易总额超过 8 亿美元，比 2020 年增长 16.7%。[2] 这种出超状况，说明我方已经掌握了南海海上贸易主动权。又据商务部统计，2021 年，全省吸收实际外资 1 840 亿元，同比增长 13.6%；新设外商直接投资项目 16 155 个，同比增长 25.6%。这些数字说明，广东外资外贸质量进一步提升，不少跨国公司入粤投资，来自英国、意大利、西班牙、瑞士等实际投资增长最快，显示广东进一步加入和扩大世界金融市场。而广东外贸出口，不但居全国之冠，而且出口对象进一步拓展到中东、南美和非洲，国际化程度显著提高。大型企业固然是走出国门、通向世界市场的主体，近年来民营企业也不甘人后，成为加盟出口大军一支劲旅。如广东省农垦集团公司即在越南、泰国设立橡胶加工厂，后又延伸至马来西亚设厂和种植橡胶。广东在非洲、拉丁美洲、中东地区等劳务市场签订工程承包合同占全省一半，第三世界成为广东海洋经济的一个庞大覆盖地区。特别是中国加入 WTO 20 多年来，广东既是最大的受惠者，也是最积极的参与者，外向型经济正进一步发展和高涨，与国际市场发生着千丝万缕的联系。它带来的不仅

1 王荣武、梁松等：《广东海洋经济》，广东人民出版社，1998年，第248页。

2 南方新闻网，https://baijiahao.baidu.com/s?id=1722583381530222870&wfr=spider&for=pc。

是可观的经济效益，而且还有管理制度、价值观念、生活方式等方面的更新和替代，这都是海洋经济时代已经和正在发生的巨变。

（二）南海海洋商业文化的成就

以海为商不仅是海洋文化发展的一个过程，在各阶段有以外贸为中心的不同特点，而且海洋商业所具有的活力，首先渗入经济领域，在当地农业土地利用更新、城镇兴衰、交通网络隆替，商业繁荣，人口流动方向，以及区域经济开发盈缩等方面，都取得了重大成就，产生了深远的影响。并且，地方经济发展离不开文化的支持，经济效益凝聚并体现了文化科技成果。

1. 以海为商背景下的农业文化成就

农业与文化的关系十分密切。基于海上外贸的特殊意义，它与广东农业文化成就，从历史一开始就结下不解之缘。纵观广东农业在很大程度上受海上贸易制约是一个不争的事实。

来自海外的新作物品种是海洋文化的一种物质形式，一旦传入、试种成功、并推广，将产生土地利用上的重大改组，取得巨大的经济效益。六朝时期，岭南沿海作为海上交通门户地位提高，中外人士往来，带进不少新作物品种，在岭南栽培的有柚子、枇杷、桂木、山荔枝、枣椰、无花果、波罗蜜、耶悉茗花、茉莉花等，[1] 以后岭南即因此发展为著名的水果之乡。

唐代"广州通海夷道"的兴起，使南海交通贸易盛况空前，异域文化假海道更多地移入岭南，与佛教一起传入的有菩提树、蒲桃、波罗蜜树等，对佛教传播、百姓生活都有深远影响，以广州光孝寺、肇庆梅庵菩提树为最佳佐证。

---

1 据（晋）嵇含：《南方草木状》，（晋）裴渊：《广州记》、（晋）顾微：《广州记》。转见司徒尚纪：《广东文化地理》，广东人民出版社，2013年，第100页。

菩提树因与惠能得道连在一起，故千百年来，在佛教文化和普通信众中占有崇高地位而得到推广，成为寺院、风景园林、休闲场所常见的观赏树种，也历为骚人墨客吟咏、画家描绘对象。如明万历番禺人罗宾王《菩提树》诗云：

灵根渡海来，间关自天竺。
荫此旃檀林，枝柯贞以肃。
日月荡其光，宁为造化育。
回视梁唐春，荣枯成一宿。
百草皆有生，百草皆有欲。
安得群物心，忘情若斯木。[1]

波罗蜜树后世相传萧梁时期为西域达奚司空首种于广州南海神庙，而南海神庙建于隋。唐代庙前航运大兴，此树备受青睐。在学术界，特别是农业生产实践上，波罗蜜树成为热带和亚热带分界标志之一。唐人段成式记下波罗蜜树的掌故，也为后人称赞。明户部尚书王佐《波罗蜜》诗（节选）云：

忆昔博望侯，空偏西域走。
波罗佛林[2]产，武帝曾识否？
寥寥千载下，识者属谁某。
怪哉段成式，秘捡搜二酉。

著此《异木篇》，其传亦已久。

1　（清）温汝能纂辑：《粤东诗海》卷五十九，中山大学出版社，1999年，第1104页。

2　按：应产于南洋，与佛林无涉。

何时来南海，名称小变旧。

无乃西海舶，世远不可究。[1]

王佐又针对广东以北地区对波罗蜜的陌生，作诗曰：

硕果何年海外传，香分龙脑落琼筵。

中原不识此滋味，空看唐人异木篇。[2]

南海神庙那棵波罗蜜树最为驰名，除传为印度摩揭陀国人所种外，更因其为南海海上丝绸之路的标志物，故也备受后人称赞。明右丞相汪广洋有诗云：

南海庙前花草新，波罗垂实雨频频。

遐荒只爱求奇气，两两来看种树人。[3]

"遐荒只爱求奇气"说明岭南人大胆接受海外新事物，连一种新树木也不例外，这恰是海洋文化的一种风格。此外，唐代从海外传入岭南的水果还有杧果[4]、油橄榄、底称实[5]（无花果一种）等，它们都改变了岭南土地的利用方式和文化景观，充实和改变人们的生活内容和社交方式。

1　（明）王佐著、刘剑三点校：《鸡肋集》，海南出版社，2004年，第36页。

2　（明）王佐著、刘剑三点校：《鸡肋集》，海南出版社，2004年，第257页。

3　陈永正编注：《中国古代海上丝绸之路诗选》，广东旅游出版社，2001年，第125页。

4　谢保昌、谢聪珍、肖春承编：《岭南果树栽培技术》，广东科技出版社，1992年，第184页。

5　唐启宇编著：《中国农史稿》，农业出版社，1985年，第480页。

　　宋元时期，南海商业贸易兴旺，逐渐形成岭南海洋经济类型，同时从海外引进多种粮食作物和经济作物，引起土地利用和粮食生产革命性的变化，为以海为商带来的农业文化变革的第一个高潮。

　　北宋咸平至乾兴年间（998—1022 年），从占城国（今越南中南部）引种占城稻。[1]占城稻具有耐旱、生长期短、早熟等优点，不但适宜在平原地区广为种植，而且在水源比较充足的梯田和冷水田也照样可以栽种、生长。只要积温充足（积温在 8 000℃以上），占城稻一年可以三熟，土地复种指数比原来双季稻的提高 50%。占城稻的引进和推广，使岭南粮食产量大增，广州因此成为米市。大量"广米"舶运至闽浙等地。占城稻这一历史功绩被誉为近千年来我国粮食生产上所经历的第一次革命。[2]

　　南宋、元间，从海外传进的还有小粒花生种。志称："宋元间……粤估（贾）从海上诸国得其种归，种之……高、雷、廉、琼多种之，大牛车运之以上海船，而货于中国（源）。"[3]自此，南方大片沙质旱地得到开发利用。到清末，花生油已成为日常食用油，志称"广俗通用之"，[4]并出现高、雷、海陆丰、潮汕平原等著名的花生产区。中华人民共和国成立后，广东的花生产量仅次于山东，花生榨油业也崛起于产区所在之城乡，并在当地经济结构中占有重要的地位。花生作为一种新作物的文化意义得到了社会的广泛认同。

　　明清时期，在多数时间海禁的背景下，广州几乎成为唯一的对外通商口岸。海外新作物品种主要在广东、福建沿海登陆，试种成功以后，

　　1　张维青、高毅清：《中国文化史》三，山东人民出版社，2015年，第56页。

　　2　何炳棣：《美洲作物的引进、传播及其对中国粮食生产的影响》，载《大公报在港复刊三十周年纪念文集（下）》，香港大公报出版，1978年，第681页。

　　3　（清）檀萃：《滇海虞衡志》卷十，《志果》。转见吕变庭：《中国南部古代科学文化史》第一卷，方志出版社，2004年，第446页。

　　4　（清）李福泰修，史澄、何若瑶纂：同治《番禺县志》卷七。转见司徒尚纪：《中国南海海洋文化史》，广东经济出版社，2013年，第137页。

才向外地传播。明末传进中国的番薯、玉米、烟草、花生（大粒种）、菠萝、南瓜、辣椒、甘蓝等，极大地改变了岭南，乃至全国的土地利用方式，并产生多种社会经济效益。大量经济作物的引进彰显了海洋文化的巨大作用力，成为我国粮食生产经历的第二次革命。

岭南原生薯类有甘薯，古代叫薯蓣，属单子叶植物薯蓣科，在海南岛土名黎洞薯，在广州地区称大薯，都为薯蓣属参薯种。而番薯是明万历年间由海外传进来的，为旋花科牵牛属一个种。[1] 后世每将甘薯和番薯混为一谈，实误。番薯的传入地有多种说法。一是由电白传入说。光绪《电白县志》云："相传番薯出交趾，国人严禁，以种入中国者罪死。吴川人林怀兰善医，薄游交州，医其关将有效，因荐医国王之女，病亦良已。一日赐食番薯，林求食生者，怀半截而出，亟辞归中国。过关，为关将所诘，林以实对，且求私纵，关将曰：'今日之事，我食君禄，纵之不忠，然感先生之德，背之不义'，遂赴水死。林乃归，种遍于粤"。[2] 民国广西《桂平县志》补充此事，说"番薯，自明万历间由高州（时电白、吴川属高州府）人林怀兰自外洋挟其种回国。今高州有番薯大王庙，以祀怀兰为此事也"。[3] 番薯大王庙又称林公庙，传在今电白县境。二是东莞传入说，见同治东莞《凤岗陈氏族谱》云："万历庚辰（1580年），客有泛舟之安南者，公（指莞人陈益）偕往。比至，酋长延礼宾馆。每宴会，辄飨土产曰薯者，味甚甘。公觊其种，赂于酋奴，获之。"[4] 据上述，不管何种说法，番薯来自海外是不争的事实，也是一次重大文化输入。闽广作为海上交通门户，也是番薯首选之区。晚明番薯已发展

1　侯宽昭：《广州植物志》，科学出版社，1956年，第588、708页。

2　（清）光绪《电白县志》卷三十。转见徐祥浩、徐颂军：《奇花异木和国家保护植物》，广东人民出版社，1998年，第77—78页。

3　（民国）黄占梅修、程大璋等纂：《桂平县志》卷十九。转见李炳东、弋德华编著：《广西农业经济史稿》，广西民族出版社，1985年，第160页。

4　（清）陈德心编修：同治《凤岗陈氏族谱》卷七。转见王介南撰：《中国与东南亚文化交流志》，上海人民出版社，2010年，第134页。

到"闽广人以当米谷"[1]的地步。由于番薯具有种种优势，被认为是继宋代占城稻种之后我国粮食生产的第二次革命，这在过去如此，即使在今天，番薯地位也未被动摇或取代。番薯是岭南农民的主要杂粮，或早晚半饭半薯，也有以薯丝（片）混同稻米煮饭或粥的。这在广大山区或台地地区已成为一种生活习惯。1981年广东番薯占全省薯类总播种面积的98.9%和总产量的99%，其中海陆丰台地、琼雷台地番薯面积约占当地粮作播种面积的30%，[2]呈大面积连片分布。而番薯由引进之初的单一品种到驯化、培育出多个品种，以及它的多种工业用途，在风俗饮食中被炮制成多种菜肴等，实是番薯文化内涵的丰富、扩大和创新，折射出岭南海洋文化的风格。

明代比番薯早些时候从海外引进的粮食作物还有玉米，又名玉蜀黍、包粟、苞米、珍珠米（粟）等。明嘉靖《广东通志·民物志》记作"玉高粱"，比万历《云南通志》所记当地已广种玉米要早。推此可以认为，广东是我国最早引入玉米地区，可能从印度、缅甸或中亚经云南或从南海传入广东，后传播全国。明末清初，玉米传入广西，很快成为主要粮食作物之一，可充山区一二个月甚至半年口粮。乾隆《镇安府志》曰："玉米……向唯天保山野遍种，以其实磨粉，可充一、二月粮。"[3]后在这一地区种植有所扩大，到光绪《镇安府志》已改说："近时镇属种者渐广，可充半年之粮"。[4]另外，由于番薯怕冻，只能种在坡下，构成玉米在上、番薯在下的垂直分布带，化无用为有用，成为岭南土地利用的一个新方向。

烟草原产美洲，后由西方殖民主义者传入东南亚，继传入闽广。有

1　（明）李时珍、（清）赵学敏著：《增补本草纲目》，中国医药科技出版社，2016年，第748页。

2　司徒尚纪：《广东文化地理》，广东人民出版社，2001年，第103页。

3　广西壮族自治区地方志编纂委员会编：《广西通志·农业志》，广西人民出版社，1995年，第233页。

4　转见李炳东、弋德华编著：《广西农业经济史稿》，广西民族出版社，1985年，第159页。

研究者认为，烟草一路由菲律宾传到闽广，然后再转入江、浙、两湖及西南各地。不管有多种说法，烟草是 16 世纪中后期到 17 世纪初由海外传入我国，广东是首途之区之一，[1]为海上交通贸易的结果，是不争的事实。

烟草具有治寒疾，祛烟瘴功效，音译"淡巴菰"（Tabacco）。但久食成瘾，于健康不利，故初传入时，为明朝廷所禁，重者可判死刑。清顺治文渊阁大学士陈廷敬《咏淡巴菰》可算是第一首赞烟草的诗。其曰：

> 异种来西域，流传入汉家。
> 醉人无藉酒，款客未输茶。
> 茎合名承露，囊应号辟邪。
> 闲来频吐纳，摄卫比餐霞。[2]

烟草因有广泛的群众基础，种植面积很快扩大。道光年间，恩平"所在有之"。[3]广东兵北上，也将烟草带到北方。《玉堂荟记》卷下说："烟草，古不经见，辽左有事，调用广兵，乃渐有之，自天启中始也。"[4]乾隆年间，烟草在广东一些地方已列入货属，成为商品。[5]直到民国以

1　（清）陈德心编修：同治《凤岗陈氏族谱》卷七。转见李乡状主编：《中国国家地理百科》，吉林大学出版社，2008年，第248页。

2　张葆全主编、王昶撰写：《中国古代诗话词话辞典》，广西师范大学出版社，1992年，第353页。

3　（清）杨学颜、石台修、杨秀拔纂：道光《恩平县志》卷七，《物产》。转见司徒尚纪：《中国南海海洋文化史》，广东经济出版社，2013年，第180页。

4　参见颜泽贤、黄世瑞：《岭南科学技术史》，广东人民出版社，2002年，第403页。

5　（清）王植修：乾隆《新会县志》。转见司徒尚纪编著：《中国珠江文化简史》，中山大学出版社，2015年，第284页。

前，海南烟主产于黎区，后来才渐次推广全岛。可见移民是烟草从大陆向海岛传播的一种方式，它作为海洋文化的一种载体，先在五指山立足，继扩布全岛四周，有如流水四溢，颇具水文化的传播方式。

明末西风东渐，从海外传入的瓜果、蔬菜、花卉中，不少是观赏植物，多带"洋"或"番"字命名，如"洋山茶""番菊"等。洋山茶，瓣大而艳丽，清初诗人为其折服，常有咏者。如顺治时吏部尚书宋荦《洋山茶》诗云：

> 海舶春风初到时，空帘微雨挹芳姿。
> 从来邢尹多相妒，分付牡丹开小迟。

另又有咏《番菊》曰：

> 小草无名不用栽，栽时先合问根荄。
> 鲜明似剪金鹦卵，气息全轮紫麝煤。
> 花自霜前篱下发，种从海外舶中来。
> 盛朝久已图王会，七月江南处处开。[1]

这两种洋花初时与我国牡丹、黄菊争妍斗艳，暗喻中西文化冲撞，后来出现"处处开"盛况，该是中西文化整合的一种写照。

鸦片战争以后，海禁大开，中外交通贸易更为频繁，在19世纪末到20世纪初，外来作物传进岭南又出现一次高潮。这就是在广东引种和推广以橡胶为主的一系列热带作物，自此根本改变了岭南热带土地利用的方向和景观，这也是岭南热作文化发展史上一件划时代的大事。

自中华人民共和国成立后，70多年来，在科学考察、确定橡胶宜

1　（清）宋荦撰：《西陂类稿》卷九。转见陈永正编注：《中国古代海上丝绸之路诗选》，广东旅游出版社，2002年，第236页。

林地的基础上，主要在海南岛和雷州半岛开垦出大片胶园和其他热带作物园，建立起我国最大的热带作物基地。墨绿浓郁的橡胶林覆盖在雷州半岛、鉴江和漠阳江流域大片低山丘陵、台地和河流阶地上，形成特殊的人工生态林群落和景观。

橡胶是近现代工业文明的重要标志，直接或间接以橡胶制作的产品有 5 万种以上。橡胶树原生长于南美洲亚马孙河热带森林中，对自然条件有很严格的要求。世界各地的橡胶园一般分布在南北纬 15° 以内，特别是赤道附近。而海南岛和粤西沿海位于这个纬度范围以外，自然条件也有一些不利于种植橡胶的因素。但经过人们的努力，如充分利用地形、气候等条件特点，摸索出一整套依山靠林栽培的经验，仍创造出适宜橡胶林生长的良好环境，使橡胶林分布推进到海南岛甚至漠阳江流域这样纬度较北的地区，这在国外是没有先例的。在粤西地区种植的橡胶树单产并不比其他地区低，且质量均达到国际水平。这是世界天然橡胶生产史上的一个重大突破，1982 年，"橡胶树在北纬 18 度至 24 度大面积种植技术"获国家发明一等奖。故海南、广东橡胶事业备受赞扬，周恩来总理称海南橡胶为"南国珍珠"，前国家副主席董必武题为"时代宠儿"，著名作家杨朔写诗礼赞：

南海珊瑚千万支，枝枝波底斗奇姿。

自从琼岭生银橡，宝岛声名更一时。[1]

菠萝原产南美洲巴西，果肉香味似梨，叶子似凤，故又称凤梨，大约在 16—17 世纪之交传入广东时，被称为"番菠萝"。道光《琼州府志》有载："又有一种草本，实结于心，顶仍有叶，其实皮厚有软刺，肉层叠如橘囊，味亦香甘……大仅如柚而多刺，俗名番菠萝。其叶可抽丝绩麻织布，为菠萝麻布。文昌、定安多种之。"20 世纪初，海南华侨先

1　王月圣：《黎族创世歌》，海南出版社，1994年，第22页。

后从南海引入"红毛种""巴厘种""沙拉瓦种""皇后种"等，遍种于海南东部和中部。中华人民共和国成立后，菠萝又大面积推广至汕头—阳江—高州一线以南，特别是雷州半岛，在徐闻等地形成"波罗的海"，蔚为大观。

木薯，一种生命力很强的粮食作物，富含淀粉，可供人畜食用和做工业燃（原）料。19世纪中叶由越南引种至两广，但直到20世纪30年代以前，很多人以其有微毒（含氰化物，水浸或加盐可除），不敢食用而得不到推广。中华人民共和国成立后经科普宣传，不仅在两广，连湖南、江西等省区也大面积种植，产量可观，不仅用作粮食，而且可提炼酒精，为解决机动车尾气污染提供出路，是一种环保燃料。

岭南有大片热带土地，过去的利用很不充分，特别是雷州半岛大片玄武岩台地，以及山区红壤和砖红壤，不适宜水稻和某些经济作物生长。明清以来，以番薯、花生、玉米、烟草、橡胶等为代表的热作品种的引进和推广，使大片这些旱地得到开发利用，生产出大批物质财富，也彻底改变这些地区的传统农业文化景观，或荒土面貌，代之以崭新海外农业文明。这都与近世南海交通贸易发展，特别是华侨贡献分不开的。也正因为如此，岭南热作物文明，实际上就是一种海洋文明。

2. 基于以海为商的城市和区域发展

广东沿海城市的发展，历受南海海上贸易制约，以港兴市，以港旺市是一条基本规律。而城市兴衰，又深刻影响到城市辐射所及地区的发展。城市和区域作为海上贸易依托和港口腹地，使大陆和海洋关系变得不可分割。植根于海上贸易的沿海城市和区域，应属于海洋文化覆盖范围，在城市和区域性质、功能、形象等方面，凸现了海洋文化风格。

马克思说："商业依靠于城市的发展，而城市的发展也要以商业为条件。这是不言而喻的。"[1]汉桑弘羊在总结燕楚齐等一些城市以商致富的事例后指出："故物丰者民衍，宅近市者家富，富在术数，不在劳

1　《马克思恩格斯选集》第一册，人民出版社，1977年，第56—57页。

身；利在势居，不在力耕也"。[1]这两者的互动关系，在南海以海为商的历史上得到充分验证。

汉兴南海贸易，南海周边出现岭南最早的一批港口城市，包括番禺、徐闻。广州自三国时起就成为海上丝绸之路的始发港，海上贸易历代不衰。这千年国门一开，带来无穷无尽的海外财富。这种记载史不绝书。魏晋南北朝时期，《晋书·吴隐之传》曰："广州负山带海，珍异所出，一箧之物可资数世。"凡任职广州者往往大发其财。《南齐书·王琨传》曰："南土沃实，在任者常致巨富。世云'广州刺史但经城门一过，便得三千万也。'"甚至到唐代，广州作为"广州通海夷道"起点和世界性贸易巨港，中外商贾云集，商业和城市生活异常繁华，在中外著作中大不乏其记载，如陆扆《授陈佩广州节度使制》称广州为"涨海（即南海）奥区，番禺巨镇，雄藩夷之宝货，冠吴越之繁华"。[2]美国汉学家谢爱华也说唐代广州"南方所有的城市以及外国人聚居的所有乡镇，没有一处比广州巨大的海港更加繁荣的地方，阿拉伯人将广州称作'Khanfu'（广府）"。[3]

沿海和内河交通，同样造就了一批商业城镇。南雄大庾岭道开通，韶州商贸兴盛，仅次于广州。皇甫湜《朝阳楼记》曰："岭南属州以百数，韶州为大。"[4]北江畔韶州驿楼，"檐外千帆背夕阳"，[5]一派繁忙水运景象。粤北另一重镇连州，是刘禹锡被贬为连州刺史之地，誉为"荒服之善部"，唐末有工商业者5 000多人，[6]与小北江（连江）水运有

1　（西汉）桓宽著：《盐铁论》卷一，《通有第三》。见（清）纪晓岚总撰、林之满主编：《四库全书精华·子部》，中国工人出版社，2002年，第51页。

2　（清）董诰等纂修：《全唐文》卷八二七。

3　（美）谢爱华·谢弗（E.H.Schafer）著、吴玉贵译：《唐代的外来文明》，中国社会科学出版社，1995年，第26—27页。

4　（清）董诰等纂修：《全唐文》卷六八六。

5　（唐）许浑：《韶州驿楼宴罢》。见《全唐诗》卷五三四。

6　（唐）刘禹锡撰：《刘禹锡集》卷九，《连州刺史厅壁记》。

不可分割联系。

粤西沿海为南海商贸必经之路，唐代城镇商贸称盛一时。雷州以西"通安南诸番国路"；以东"泛海通恩州并淮浙、福建等"[1]，人殷物阜，汉代就流行"欲扶贫，诣徐闻"[2]谚语保持至唐。恩州（今阳江、阳春、恩平一带）地"当海南五郡泛海路"，唐武德初曾置高州总管府，永徽后置靖海军于此，商旅频繁，富鱼盐舟楫之称，有"远郡之沃壤"美称。[3] 而沟通西江和新兴江，南下漠阳江出海的新州，商旅如云，"西南道尤好郡也"。[4]

粤东潮州为东海、南海交通接合部，地接福建，唐代发展"与韶州略同"，属"岭南大郡"[5]，为著名港市。

宋元时期，广东海上商贸除继续促进沿海城镇发展，增强它们的吸引力和辐射力以外，最重要一个效应是通过城镇带动区域开发和进步，特别是地方商品经济发展。宋代，大量的北方移民南迁，定居于珠江三角洲，扩大土地围垦和开发；同时，宋代对农户的赋役改为征钱，随着征钱比例越来越高，使农民把更多的农产品投入市场，以换取货币纳税。商品货币增加，必然推动海上贸易兴旺发展，反过来增加城市财富积累和扩大城市规模。宋代广州三次筑城，所耗资金就有一部分为外贸收入。时人谓广州"府库之藏，市里之聚，其富不赀"。[6] 故到宋代，珠江三角洲兴水利，筑堤围，开村落，广种水稻，成为中国南方的一个基本经济区。在海南岛，宋代槟榔海上贸易特别兴旺，"海商贩之，琼管收其征，岁计居什之伍，广州税务收槟榔税，岁数万缗"。[7] 仅此一端足见广

1　（宋）乐史：《太平寰宇记》卷一五九，《岭南道雷州》。

2　（唐）李吉甫：《元和郡县图志》卷三，阙卷佚文。

3　《全唐文》卷八三〇，李磎《授朱塘恩州刺史制》。

4　（宋）乐史：《太平寰宇记》卷一五九，《岭南道端州》。

5　（宋）王溥：《唐会要》卷七十五，《选部下·南选》。

6　《长编》卷一二八，康定元年8月。

7　（宋）周去非：《岭外代答》卷八。

州税源充足，有财力筑城和支持珠江三角洲区域开发。

明清海上丝绸之路发展到历史高峰，大量白银从海外流入，对刺激珠江三角洲和沿海地区商品生产和流通起了巨大的推动作用，珠江下游成为全国商品流通最活跃的地区，也是一个统一的市场，由此催生了一批新兴城镇，出现专业化农业区域。而其动力就是与海外贸易直接相关的商业发展。马克思说："商业是资本所由发生的历史前提。世界商业和世界市场是在十六世纪开始资本的近代生活史。"[1] 商业首先集中于城镇，故城镇最能反映商业力量。屈大均《广东新语》称明代广州是"百货之肆，五都之市"[2] 中心，明隆庆元年（1567 年），明朝正式废除"海禁"，海上贸易蓬勃发展，促进了广州商业繁荣。到明万历时，"广州出现了 36 行，代替市舶司提举对外贸易"。[3] 在商业发展的基础上，明代广州两次扩建城墙，包括镇海楼（五层楼），特别是第二次向南扩建，紧靠珠江，以适应海外贸易发展对岸线的需要，著名的濠畔街后发展为广州繁华商业区。据 1909 年《广东省垣人户最近之调查》统计，广州城住户为 96 614 户，店铺多达 27 524 户，几乎为住户的 1/3，显示广州是一座商业十分兴盛的城市，商人阶层拥有强大的实力，这自然是海上贸易发达的一个结果。

在近现代，海洋经济都是外向型的，因而作为这种经济集中地的城市与区域发展，必须借助海上商贸活动所带来的巨大效应。明中叶以来澳门的兴起，完全得益于它是一个海上国际航运枢纽；鸦片战争以后澳门地位相对下降，除了香港崛起，也由于澳门港淤浅，在轮船时代，已不容大型船只停泊海运。战后的香港，因具有维多利亚港这样不淤或少淤的深水港，很快发展为世界性航运中心，到 20 世纪初进一步确定其

1　（德）马克思：《资本论》第一卷，人民出版社，1963年，第133页。

2　转见广州市越秀区人民政府地方志办公室、广州市越秀区政协学习和文史委员会主编：《越秀史稿（第二卷·宋元明）》，广东经济出版社，2015年，第307页。

3　陈代光：《广州城市发展史》，暨南大学出版社，1996年，第316页。

转口港地位，同时也形成大型船舶制造业。二次大战后，香港海上贸易重新获得发展，不但与内地，而且与美国、加拿大，以及西欧和东南亚的贸易也成倍增加，转口贸易成为香港经济支柱。20世纪七八十年代，香港经济腾飞，令世界瞩目，除了发展蜚声世界的制造业，国际最繁忙的港口也在这时形成。1987年香港有19条主要航线与世界上100多个国家和地区460个港口通航，年进出香港远洋轮3万余艘，港口总货物吞吐量达800多万吨，跃居为世界十大商港之列。[1] 其影响不仅使香港成为"亚洲四小龙"之一，而且对珠江三角洲、华南地区等产生巨大经济辐射作用，促使这些地区成为中国改革开放最成功、经济发展最早、最迅速崛起的地区。

深圳和珠海这两个珠江口经济特区城市，由改革开放前的普通县城崛起并形成两个百万人口特大城市、巨大经济中心，除了政策、资金、技术、人才等因素，接受港澳经济辐射，发展外向型经济是一个关键因素。新兴深圳、珠海各港又成为沟通中国与世界的桥梁，并使这两个特区城市与港澳一样，纳入经济全球化和空间一体化之路。

上述近代历史进程表明，珠江三角洲社会经济隆替，无不受制于南海海上商业贸易，这已成为这一地区社会经济发展的一条规律。改革开放以来，珠江三角洲已发展为我国经济高速发展区，时下又成为世界产业转移一个中心。总结珠江三角洲经济奇迹的出现，其因素固然很多，但有两个很重要因素在起作用是不争的事实。一是高速城市化。现已形成以穗深为中心的包括佛山、珠海、澳门、江门、中山、东莞、肇庆、惠州等在内的珠江三角洲城市群，其发挥的强大的经济生长和辐射作用，不但带动整个广东，而且广及华南乃至泛珠三角在内的区域的经济发展。二是发展临港经济。珠江三角洲和广东大多数大中城市都在海边或江河出海口，城市产业的发展和布局都必须以港口为依

1　许锡挥、陈丽君、朱德新：《香港跨世纪的沧桑》，广东人民出版社，1995年，第303—304页。

托和展开，临港工业是这些城市的经济生命线，引进外资项目毫无例外是这些城市发展的成功经验。这就决定了这些城市未来的发展应该建立在进一步开发海洋、建设现代化港口的战略基础上。这是世界经济史上被证明了的沿海地区经济发展的一条必由之路，在经济全球化背景下更没有例外。

（三）南海商帮集团的海洋文化

作为海洋文化的主体之一的南海商帮集团，他们以海为商，把生意做遍全世界，成为最富冒险、超越精神文化的族群，在南海文化史上占有崇高地位，也充分表现了南海海洋文化的特质和风格。

1. 南海商帮集团兴起的历史人文背景

广东人虽然早就迈向广阔海洋，从事商贸活动，但在历史早期，这种活动规模有限，人数不多，未能形成群体力量。而商帮集团或称海商是指专门从事海上贸易活动的商人集团，主要产生于明清时期，以粤闽商人为主，成为中国海洋文化的一个主要载体。在这里，主要论及粤商。他们生活在岭南，深受地理大发现以后欧洲资本主义势力向东扩张，积极寻找海外市场，加快原始资本积累潮流的影响。他们把商业贸易活动从大陆向海洋转移，从中国走向世界，成为当时中国历史转型时期异军突起的一支重要经济力量，也是中国海洋文化，特别是南海海洋文化的一个代表。

南海商帮集团兴起，基于以下背景：

首先，世界格局的转变。16世纪以后，欧洲殖民主义者东来，南海海上贸易对象从传统阿拉伯地区转为以欧洲为主，特别是明中叶澳门为葡萄牙人租赁并发展为国际贸易中枢港，极大地促进了岭南地区的海上贸易，形成一个近乎全民性的经商高潮。这其中远涉鲸波、走向大海深处那部分商人，即海商。他们具有比大陆商人更具冒险的胆识和勇气，更具有市场意识、竞争意识以及适应世界海上贸易的各种行为和方法，从而折射出海洋商业文化的品格。

其次，广东商品农业生产在明清达到鼎盛，在珠江三角洲地区出现集中布局的蚕桑、甘蔗、水果、塘鱼等专业性农业区。这些经济作物作为手工业原料，所制商品主要供出口国内外市场，特别是参与国际市场竞争，因而造就了一个适于和敢于这种竞争的商人群体，即"大海的儿子"。与此同时，明清广东手工业生产也有长足发展，广东成为全国手工业发达的地区之一。广东冶铁业、制陶业、制糖业、棉纺织业以及独具地方特色的手工艺业等，其所生产的商品统称"广货"，大部分销行海外。特别是大规模出口的瓷器、蔗糖等，都需发达的商品制造业支持，而经营出口者，自不是普通商人，而是习惯、熟悉海上的活动者。

再次，明清时朝廷基本上实行"时开时禁"的对外贸易政策，但对广州例外，允许中外商人在广州开展贸易，为广东商人作为一个族群的产生提供了独特机遇。史称，海禁既开，广东"富家巨室，争造货船"[1]；"遍于山海之间……远而东西二洋"[2]；"一年之中，千舡往回"[3]；"就粤海而论，借外来洋船水资生计者，约计数十万人"。[4]这些海商成为粤商集团的先驱和佼佼者。此外，明清时期，广东人口数量日渐上升，到清末约2800万人，而耕地日益减少，同期全省人均耕地不足1.3亩（约866平方米）。人多地少，生态环境承受不了巨大的人口压力，迫使部分人口或远走他乡，或下海经商，参与广东商帮集团，故志称："土田少，人竟经商于吴、于越、于荆、于闽、于豫章，各称资本多寡，以争锱铢利益，至长活甲民名为贩川生者，则足迹几遍天下矣。"[5]所以，人口压力也是驱使部分人口弃农从商的强大动力之一。

最后，不容忽视的是，岭南人在长期对外开放的环境中，形成了强

1　（清）吴震生：《岭南杂记》全一卷。

2　（清）屈大均：《广东新语》卷九，《事语》。

3　（清）李士桢：《抚粤政略》卷十。

4　《史料旬刊》第22期，《庆复折》。

5　刘织超修、温延敬等纂：民国《新修大埔县志·人群志》。

烈的商品意识。作为一种集体精神，这在明清商品经济日益发展的潮流中又提升到一个新高度，即下海经商已成为一种普遍社会风气，形成"逐番舶之利，不务本业"信条，选择"以商致富"之路。地方官员也深受这种逐利风气感染，甚至提出重商主张。明代广东巡抚林富上书朝廷，指出开海通商贸易可"足供御用""悉充军饷""救济广西""民可自肥"等四大好处。[1] 广东总兵俞大猷也深感"市舶之利甚广"。[2] 在这种强烈商品意识和氛围之下，广东到处出现"人多务贾以时逐（利）"社会现象，连雍正皇帝也慨叹："广东本土之人，惟知贪财重利……以致民富而米少"。[3] 而海上贸易往往获重利，商人趋之若鹜遂为时尚。

2. 南海商帮集团的地域类型

按照在南海从事商贸活动的海商的地缘关系差异，通常把这些海商划分为广州帮、潮州帮和客家帮。由于他们族群归属不同，经营商品范围、地域有差异，虽然在同样的历史时空之下，但在他们身上表现的海洋文化风格同样有异，也由此折射出岭南族群文化的差异。

广州帮是指籍贯为广州府地区的商人，是明清时期远近闻名的地缘性商人集团。明代广州府包括番禺、南海、顺德、东莞、新安（宝安）、三水、增城、龙门、香山（中山）、新会、新宁（台山）、恩平、开平、从化、花县（花都）、连州（连县）、阳山、连山、清远等，相当于今珠江三角洲地区及其周边地区。广州府地区居民使用粤方言，又称广州话或白话，故广州帮商人也是讲粤方言的。有资料显示，在广州、佛山等地经商的商人中，有 60% 属广州帮。史称"省会（即广州）、佛山、石湾三镇客商，顺德之人居其三，新会之人居其二，番禺及各县各府、外省之人居其二，南海之人居其一"。[4]

诸史、家乘、族谱、方志等资料记载，广州帮商人活跃的国家和地

1　（明）严从简：《殊域周咨录》卷九。

2　（明）俞大猷：《正气堂集》卷七。

3　光绪：《广州府志》卷二，《广州典二》。

4　（清）龙廷槐：《敬学轩文集》卷2，《初与邱滋畲书》。

区有越南、柬埔寨、泰国、印度尼西亚、欧洲、毛里求斯、马来西亚、新加坡、美国、日本、悉尼、澳大利亚、朝鲜，大溪地以及港澳等，足迹几遍全世界，均需取道南海、东海、黄海、太平洋、印度洋等海域，抵达他们的经商之地。而且在一个陌生国度，还要适应、熟悉当地的自然、社会文化环境，这需要坚韧的心理素质，包容、忍让的胸怀对待海外异质文化；而为了融入当地社会，他们还要克服语言、习俗、法律、生活习惯等障碍，成为生活的坚强者。广州帮商人在这些方面表现的文化风格，容后一并阐述。

在广州帮商人中，最有代表性的应首推十三行商人。按清初以来，随着海上贸易发展，到广州的外商不断增多，许多国家开始在广州设立商馆，包括英国、法国、荷兰、丹麦、瑞典、美国、西班牙、俄罗斯、普鲁士（今德国）等，都在今广州西关一带租地建屋，作为外国驻华贸易的管理机构，虽然这些机构具有外交和经商功能，但以经商为主要宗旨。外国商馆又称十三行夷馆或十三洋行。入清以来，每个时期的商馆具体数量不一，但基本维持在十三家左右，故名十三行夷馆。据美国人亨特所著《广州"番鬼录"》所载十三行夷馆中文译名是黄旗行、大吕宋行、高公行、东生行、广源行、宝顺行、鹰行、瑞行、隆顺行、丰泰行、宝和行、集义行、义和行等，相应于丹麦、西班牙、法国、美国、瑞典、英国、荷兰等夷馆。[1]十三行夷馆旧址在今广州文化公园附近，第二次鸦片战争期间被火烧，光绪年间才重建开业，但因沙面兴起，英占香港，十三行商馆式微，最后结束它们的历史作用。十三行夷馆各有自己民族特色，是欧洲文化在广州的一道风景线，因而被写入中外著作中。江西人乐钧（1766—1814 年）《岭南乐府》诗云：

粤东十三家洋行，家家金珠论斗量。

---

1 （美）威廉·C.亨特著、冯树铁译：《广州"番鬼"录》，广东人民出版社，2003年，第16页。

楼阑粉白旗竿长，楼窗悬镜望重洋。

荷兰吕宋英吉利，其人深目而高鼻。[1]

这完全是明清海上贸易在广州的产物。

为加强对外贸的管理，清康熙二十五年（1686年），清政府将国内和国外贸易分离，从事对外贸易的商人也从牙行中分离出来，单独设立"洋货行"专营对外贸易，后"洋货行"简称洋行。广东十三行即为这样的洋行。其商人称为"行商"或"洋商"。自然，广州洋行商人开始形成一个新兴的商业集团。行商制度便成为清政府控制外贸的一项重要制度。由于得到官府的认可，代表清政府主持外贸业务，故十三行商具有半官半商双重身份，后被统称为"官商"。基于此，十三行商的商号中，多以"官"字冠后，如"潘启官""伍浩官"等昭示了十三行的半官方性质。

这个新兴的商业集团，是广州帮商人中的精英分子，其中著名的商人家族有南海颜亮洲、伍国莹，番禺潘启、梁经国，新会卢观恒，广州冯柏燎等。这些商人家族的活动，在一定程度上反映广州帮海洋文化风格。兹以下列三家商行为例。

南海颜亮洲创立泰和行，以"开诚布公，为远人所信爱"。主要与英国东印度公司做生意，承保该公司来广州贸易的商船拥有雄厚的经济实力。泰和行实行家族式管理模式，举凡内外业务，均由颜姓兄弟负责，分工明确，运行得井井有条，同时以宽广襟怀欢迎广州大小官吏，广结社会名流，力争各界支持，生意火红了四十余年。

番禺潘启创立同文行，在十三行商中举足轻重。有论文称潘启"少有志，知书；长怀远略，习商贾……通外国语言文字，至吕宋、瑞典贩运丝茶，往有数次"。[2] 因潘启精通外语，方便与外商沟通，商务发展

1　转见黄启臣：《广东海上丝绸之路史》，广东经济出版社，2003年，第549页。

2　梁嘉彬：《广东十三行考》，广东人民出版社，1999年，第260页。

得以蒸蒸日上，其主要与英国东印度公司开展丝、杂、毛织品等贸易，获利甚巨。潘氏家族经商的取胜之道，首先是务实进取，讲究信用，赢得广阔发展空间。例如退赔英国东印度公司购买质量低下的废茶或因运输致损的损失，保障商号信誉。这一举措，不但使英方满意，而且为十三行中其他商号机构典型，更为整个广州帮赢得口碑。其次，经营者具有良好素质、卓绝才干、非凡能力、长远目光。同文行首创者，三次渡海到小吕宋（今马尼拉），向西班牙人学习贸易经验，吸收西方先进经商知识，同时调查、收集市场信息，树立起盈利观念、信息观念、诚信意识、市场意识、竞争意识、效率意识等。这些近乎近现代商业发展需求的理念，都在潘启身上有不同表现，有效地保障同文行运作。再次，潘氏家族勤奋好学，深谙外语，接受新生事物，信息量广。

南海商人伍国莹创立怡和行，与英国东印度公司进行毛织品和茶叶贸易，贸易额年年直线上升，经三代人苦心经营，成为世界近千年历史上的 50 巨富和中国 6 巨富的富豪之一。其成功之处首先在于伍氏"多财善贾，总中外贸迁事，手握赀利枢机者数十年"。[1] 即总揽、利用善于经商的卓绝人才。外商评论其"拥有大量资本及高度才智，因而在全体行商中，居于卓越地位"。[2] 用现代管理学话语来说，就是人才战略制胜。其次，伍氏集团深得清政府支持，与地方政府建立密切关系，通过各种途径，向清政府捐助而获得丰厚回报。志称"计伍氏先后所助不下千万（两），捐输为海内冠"。[3] 充分利用行政力量推动商业经营，从制度文化层面而言，这也是一个成功之道。再次，伍氏集团除经营茶

1　（清）郑荣、张凤喈等修，桂坫等纂：宣统《南海县志》卷一，《伍崇曜传》。

2　格林堡著、康成译：《鸦片战争前中英通商史》，商务印书馆，1964年，第62页。

3　（清）戴肇辰等修、史澄等纂：光绪《广州府志》卷一二九，《伍崇曜传》。

叶等以外，还"投资于美国保险业"[1]和美国铁路事业。史载："名（伍）崇曜者，富益盛。适旗昌洋行之西人乏资，即以巨万界之，得利数倍。西人将计所盈与之，伍既巨富，不欲多得，乃曰：姑留汝所。西人乃为置上海地及檀香山铁路，而岁计其入以相界。"[2]又有载，伍氏"有买卖生意在美利坚国，每年收息银二十余万两"。[3]这都是开创 19 世纪中叶中国商人在美国及其他国家投资企业的先河。这无疑是吸收海外先进商业文化在广州推广的有益尝试。

潮州帮商人是仅次于广州帮的广东第二大地缘性商人集团，即指籍贯为清代潮州府的商人，包括海阳（潮安）、潮阳、揭阳、饶平、惠来、澄海、普宁、丰顺、南澳等地的商人群体。潮州商人乘坐自己建造的红头船，每年"春夏之交，南风盛发，扬帆北上，经闽省（今福建），出烽火、流江，翱翔于宁波、上海，然后穷尽山花岛，过黑水洋，游奕登、莱、关东、天津间，不过五旬日耳。秋冬以后，北风劲烈，顺流南下碣石、大鹏、香山、崖山、高、雷、琼崖，三日可历遍也"。[4]这是潮州帮在我国沿海一带商贸活动，至海外，则"占城、暹罗，一苇可航；噶罗巴、吕宋、琉球，如在几席；东洋日本，不难扼其吭而捣其穴"。[5]即东南亚地区是潮州帮主要的活动范围。志称潮州帮既善于经商，又独具冒险、开拓精神，其云："潮人善经商，窭空之子，只身出洋，皮枕毡衾以外无长物。受雇数年，稍稍谋独立之业；再越数年，几无一不作海外巨商矣。尤不可及者，为商业冒险进行之精神，其赢而入者，一遇眼光所达

1　F. R. Dulles. The Old China Trade, P129. Boston, 1930。转见潘刚儿、黄启臣、陈国栋编著：《广州十三行之一：潘同文（孚）行》，华南理工大学出版社，2006年，第282页。

2　（清）徐珂：《清稗类钞》第五册，中华书局，1984年，第2332页。

3　《筹办夷务始末（咸丰朝）》第二十六卷，中华书局，1979年，第973页。

4　（清）蓝鼎元：《潮州海防图说》，见《皇朝经世文编》卷83。

5　（清）蓝鼎元：《潮州海防图说》，见《皇朝经世文编》卷83。

之点，辄悉投其资于中。万一失败，犹足自立；一旦胜利，信蓰其赢，而商业上之所挥斥乃益雄。"[1]这种冒险精神给朝邑带来商业的繁荣，反映在当地歌谣中。如清乾隆澄海《樟林游火帝歌》云："澄海管落樟林埠，埠中宽阔实非常……第五就是洽兴街，洋华交易在外畔。第六顺兴多洋行，也有当铺甲糖房。"[2]按樟林港为清康熙二十三年（1684年）开海后兴起的港口，为粤东通洋的总汇和枢纽，大批"红头船"从这里放洋和近航停泊，呈现一派对外贸易的繁荣景象。潮州帮商人具有强烈的乡土观念，无论驾船还是管理人员，都任用潮州人，显然为适应海洋艰苦生活环境和在异地发展，潮州人具备坚强内聚力，这在南海商帮中是很突出的文化素质。

客家帮商人是指明潮州府和清嘉应直隶州属下的大埔、程乡（梅县）、平远、镇平（蕉岭）、长乐（五华）、兴宁等县的商人群体，其中又以大埔、程乡的商人居多。这些地区操客家方言，故称为客家帮商人。与其他商帮人数难以统计一样，客家帮商人数量也一样。据黄启臣《明清广东商人》一书整理，明清部分有姓名、籍贯、经商地点的客家帮有48家，人数当比广州帮、潮州帮少，而且形成时间较晚，主要是入清以后形成的。但客家帮一经形成就很活跃，既"经商于吴、于越、于荆、于闽、于豫章……足迹几遍天下"。[3]这是大埔客家商状况。而兴宁客家商则"多贸易于川、广、湖湘间"。[4]客家商也像客家人一样，有漂洋过海，从事商贸活动的，其范围包括印度尼西亚、马来西亚、新加坡，以及美国檀香山、中国香港等。清光绪《嘉应州志·礼俗》说："自海禁大开，民之趋南洋者如鹜。"清末，仅梅县（今梅州）松口一堡在"南

1　（清）徐珂：《清稗类钞》第五册，中华书局，1984年，第2333页。

2　潮汕历史文化研究中心、汕头大学潮汕文化研究中心编：《潮学研究（第一期）》，汕头大学出版社，1993年，第105—106页。

3　（清）蔺涛纂修：乾隆《大埔县志》卷十，《民俗》。

4　（清）张伟修、孙铤铤纂：嘉庆《兴宁县志》卷十，《风俗》。

洋各埠谋生者不下数万人"。[1] 第一次世界大战期间，梅县在乡人口约40万人，而在东南亚华侨约20万人，占在乡人口半数，这其中有一部分人从事海上贸易，后来才定居东南亚的。如梅县有个"李步南，字九香，自海禁大开，中外通商，步南即往南洋，致巨富"。[2] 后来还在当地做了许多公益事业，为乡人称赞。类似的事例不胜枚举。从这个意义上说，客家人虽是山居族群，但也具海洋文化品格。

3. 南海商帮集团的海洋文化风格

无论哪个商帮集团，他们的海外贸易对象，不是新兴资本主义国家，就是这些国家在世界各地的殖民地，都有很成熟的商业技巧和商业制度，同时也会带有欺诈、奸骗等行为，所以要与其打交道，必须采取行之有效一整套经商办法，使自己立于不败之地。广东商帮在这方面的所作所为，充分表现出他们的海洋文化品格，并以此区别于国内其他帮派商人。这些海洋文化风格可归结为：

第一，灵活性。明清粤商在海外经商活动中，很善于观察、把握商情以及时调整自己营销策略和商品结构，力争赢利。

早在15世纪初，华商在马六甲地区贸易，就充分显示了这方面的优势。有记载说"中国对马六甲的贸易在数量上和价值上都不如爪哇人和古吉拉特人，但是种类比他们多令人更感兴趣"。[3] 16世纪以后，粤闽商人进一步掌握了东南亚地区海上贸易主动权，表现了更高的市场意识。未上岸之前，先派人探听商品行情，获取执照，得到法律保护，运给当地别国商人未曾用过或未曾运售过的商品，如水银、火药、胡椒、肉桂、丁香、糖、铁、锡、铜、丝织品、面粉等，而这些商品很多产于广东（含海南岛和广西）。有记载指出："华商比欧洲人具有很多有利条件，最重要的是他们实际上可以自由进入上海以南的中国市场。在

1　（清）温仲和：《求在我斋集》。

2　（清）温仲和编修：光绪《嘉应州志·礼俗》。

3　（美）约翰·F.卡迪著，姚楠、马宁译：《东南亚历史发展》，上海译文出版社，1988年，第203页。

那里，他们可以得到茶叶、瓷器和丝绸……华商还十分熟悉亚洲市场情况，他们精打细算，小心谨慎，善于挑选货物。他们经营许多具有传统特点的货物，这些货物是欧洲人所忽视的，如香木、犀角、乌木、安息香、樟脑和皮革等。华人还能较快地调整适应新的贸易时机。"[1]这样就能掌握贸易主动权，把生意做活。有人评曰："为了完成商业交易，他们几乎是无城不到，与西方那种更加系统而规范化的贸易形式相比较，传统的亚洲社会的轻漫随意显为优胜。"[2]粤海商因注重市场信息调查，及时买卖进出，每获厚利。如19世纪40年代以前的新加坡，"当一只帆船到达后，住在此地的华商立即到船上捡出各项货物的样品，并调查各类货物的数量。其后接连数日，船长登岸了解市场情况，通常在一二周之内将货物全部售出"。[3]另外，粤海商在海上贸易中，还很注意利用季节差，囤积居奇，从中牟利。日本学者指出："中国商人为了确保其生丝能以高价在日本市场上出售，在四五月驶往长崎的春船上装载少量丝货，等生丝价格以较高价格议定后，再在以后夏船和秋船中装载大量的生丝进入长崎港，使得以高价出售。"[4]这些粤海商经商技巧，无不说明他们因天时、地利、人和而改变自己的经商理念、策略、对策，使之立于不败之地。

第二，包容性。郦道元在《水经注·巨马水》云："水德含和，变通在我"。在水文化孕育下的粤商在海外贸易活动中，都很注意互助合

1　（美）约翰·F.卡迪著，姚楠、马宁译：《东南亚历史发展》，上海译文出版社，1988年，第418页。

2　（泰）沙拉信·威拉蓬：《清代中暹贸易关系》。转见陈伟明：《从中国走向世界：十六世纪中叶至二十世纪初的粤闽海商》，中国华侨出版社，2003年，第207页。

3　姚贤镐编：《中国近代对外贸易史资料》第一册，中华书局，1962年，第66页。

4　（日）山胁悌二郎译：《长崎荷兰商馆日记》。转见陈伟明：《从中国走向世界：十六世纪中叶至二十世纪初的粤闽海商》，中国华侨出版社，2003年，第211页。

作，既在平时以个人商业活动为主，又在必要时实行群体合作，集中资金降低风险，在市场竞争中取胜。有了包容性，就能合作经营，依靠各方优势，合成更大团体优势，以压倒对方。如粤闽海商在爪哇一带活动，"如果货船的货物太多，以至个人的财力难以承受，几个中国商人便会共同合伙，买下所有货物，然后按个人投资份额分配利润。在爪哇，这种货币市场是公开的，没有欧洲商人援助。这样，那些中国商人便能以较少的风险从事商业活动"。[1]法国历史学者罗伯铿指出："中国人有经营大商业的本能，他们按照自己固有的作风实现着西方经济学家所称道的企业的联合和横向联合。他们从摊贩、小店上升到大商店，他们布设周密的买卖罗网，使本地生产者不得不上其门。"[2]借助于这些合作，粤商集团资本像滚雪球一样，越滚越大，继而左右当地商业市场，自己也在这个过程中发展为强大的商业集团。

第三，务实性。追逐利润是粤商海上贸易的最大目的。为此，粤商一切从实际出发，注重实行产销一条龙的经营方式，在有条件的国家和地区，建立有关商品生产基地，直接加工出口，减少中间环节，降低成本，增加收入，走的是一条务实发展的商业道路。有的粤商尽量利用在海外停留时间，增加贸易机会。史称："海洋所适之处，风信皆有定期，内地各省往返，固属甚便，即外洋诸番一年一度，亦习以为常，间有货物被番拖欠，以致风信偶逾耽延隔岁者，谓之压冬。然不过两年即可回棹。乃近年以来，竟有内地外洋诸舡，往往借口失风，经久不回，私往各番贸易，在今日不过图取利益，而日久弊生。"[3]另

1　T. S. Raffes, The History of Java, Vol I. P204,Oxford University Press 1978. 转见陈伟明：《从中国走向世界：十六世纪中叶至二十世纪初的粤闽海商》，中国华侨出版社，2003年，第211页。

2　（法）罗伯铿：《中国人和马来世界》。转见陈伟明：《从中国走向世界：十六世纪中叶至二十世纪初的粤闽海商》，中国华侨出版社，2003年，第212页。

3　台湾研究院历史语言研究所：《明清史料（庚编第六本）》，中华书局，1987年，第1471页。

外，粤商出海常带一些专业技术人员，方便在海外就地加工、销售商品。16世纪后期，前往吕宋（今菲律宾）粤商，除各种货物以外，"还有大批在广州码头搭船的低级水手和工人。手工艺者中有理发匠、裁缝、鞋匠、石匠、漆匠、织布匠、铁匠和熟练的银匠。西班牙人同巴达维亚（今雅加达）的荷兰人一样，离不开华人的服务"。[1]这些来自广东手工业者，大部分为山区剩余劳动力，其在海外找到出路，对缓解那些地区人口压力，作用匪浅。直接在海外建立农业生产基地，为外贸提供重要货源，也不失为最务实经营方式。有研究指出："至十六世纪末，有相当多的华人贸易中心出现在爪哇和其他岛屿。这些华人都是福建和广东两省的人。据了解，当时在万丹已有了华人胡椒园和稻田。埃德蒙·斯科特在1602年说：华人种植和采集胡椒，也自己耕种稻谷……但是他们把这个地方的财富都吸吮走了。"[2]可见，粤商举凡每做一件事，不论商品流通，原材料加工或者提供服务，都很注重脚踏实地，讲究功利，将本求利，一秉岭南文化的务实风格，并延伸至海外。

第四，重诚信。粤商在海外市场上能站住脚，不断拓展业务和扩大市场占有份额；恪守诚信、交易公正，以信誉取人也是他们文化优势，能在波谲云诡商海赢得胜利。美国人约翰·F.卡迪评价17世纪"华人中有许多可依赖的商人，他们从广州和福建沿海港口来到这里，从事兴旺发达的帆船贸易。他们总是坚持将全部货物带回中国，欧洲人完全相信他们，把货赊给他们"。[3]粤商也很尊重当地人风俗习惯，从而使交易顺利展开。如在菲律宾一些地区，"当外国人来到他们的村落之一，不许他们上岸，必须留在他们停泊的河流中（或海上）的船上，并鸣锣报

1 （美）约翰·F.卡迪著，姚楠、马宁译：《东南亚历史发展》，上海译文出版社，1988年，第301页。

2 （英）W.J.凯特著，王云翔、蔡寿康等译：《荷属东印度华人的经济地位》，厦门大学出版社，1988年，第6页。

3 （美）约翰·F.卡迪著，姚楠、马宁译：《东南亚历史发展》，上海译文出版社，1988年，第262页。

告他们的到来。随即番商驶轻舟接近商船，带来棉花、黄蜡、椰子、洋葱、精致的席子和各种供出售交换的货物（以换取中国人的货物）。在对货物的价格发生误解的背景下，有必须招来当地商人的首领，让他亲临现场，安排各方满意的价目表"。[1]这样双方在价格上达成共识，完成一次又一次的交易。

为取得当地人信任，粤商很热心公益事业，深受当地人欢迎，这实际有利于双方贸易。英国人凯特指出在印度尼西亚地区，"一般说来，华籍商人比当地商人高出一筹，因为他们天生有一种经商的资质和其他方面的才能。欧洲商人在中介贸易方面也不能与他们匹配，因为还有其他一些有关因素在起作用。例如，华籍商人比较熟悉当地情况，了解当地人的需要，与当地生产者和消费者有较密切的关系，生活俭朴以及生活水平较低等"。[2]这以客家商帮著名的罗方伯最有代表性。清谢清高口述、杨炳南撰的《海录》记在印度尼西亚坤甸地区，"乾隆中，有粤人罗方伯者，贸易于此。其人豪侠，善技击，颇得众心。是时尝有土著窃发，商贾不安其生，方伯屡率众平之。又鳄鱼暴虐，为害居民，王不能制，方伯为坛于海旁，陈列牺牲，取韩昌黎祭文宣读而焚之，鳄鱼遁去，华夷敬畏，尊为客长"。还有一些粤闽商人出资在当地建设港口，口碑甚好。如清道光二十五年（1845年）"南定护营范维员疏言，巴喇港口水势散漫，沙泥淤浅，商船难以出入，有清商邓贞吉者，请自出家赀于港西旁筑起堤防，开垦闲田，依例纳税，许之"。[3]

在商海竞争中，粤商还讲求价廉物美，这也是出奇制胜之本。菲律宾人欧·马·阿利普指出，在马尼拉，"华商一直是这个国家最成功

1　（菲）欧·马·阿利普：《华人在马尼拉》。转见《中外关系史译丛》第一辑，上海译文出版社，1984年，第96页。

2　（英）W.J.凯特著，王云翔、蔡寿康等译：《荷属东印度华人的经济地位》，厦门大学出版社，1988年，第62页。

3　《大南实录》正编第三纪，卷六十三。转见《中外关系史译丛》第一辑，上海译文出版社，1984年，第320页。

的商人。华商分为两类，一类经营市场和商业公司，销售干货……并且经营批发和零售商业；一类拥有小食品店或小杂货铺，销售各种廉价商品。起初西班牙商人试图与华商竞争，但是他们很快就对更加精明、更加节俭和更加坚忍不拔的华人甘拜下风。华人在事业中保持低生活水平，从而通常他们能够用较低的价格挤垮他们的大部分竞争者"。[1]

以上这些海商文化品格，是在明清时期粤商在海外贸易经营中，在历尽坎坷、屡经风雨之同时形成的。这些文化品格一方面说明粤商具有开拓创业的精神、意志和毅力，能够在异国他乡，能在困难条件下，自我调适，自我保护，自我斗争，自我生存发展，从而开创出一片新的商业天地，使海外贸易成为南海沿海地区经济的生命线；另一方面，因为他们具备这些文化品格，能在海外复杂多变的贸易竞争中，长期保持优势，并依靠这种优势，在鸦片战争以后，在东南亚沦为西方列强殖民地以后，仍能保持自己在东南亚的经济地位，继续发挥对当地经济的推动作用，这不能不归结于粤商在明清时形成的海洋文化对经济的作用力。

1　（菲）欧·马·阿利普：《华人在马尼拉》。转见《中外关系史译丛》第一辑，上海译文出版社，1984年，第108—109页。

五、南海海神崇拜文化

黑格尔在《历史哲学》里指出，海洋"表面上看来是十分无邪、驯服、和蔼、可亲；然而，正是这种驯服的性质，将海变成了最危险、最激烈的元素"。[1] 正因为如此，生活在沿海地区的人，当他们还不了解海洋存在和运动的规律，还无法对抗海洋变化，抵御不了海洋自然灾害时，对海洋的宏大、深邃和神秘便自然而然地产生敬畏和恐惧。而海洋的富饶和出产，使人感到无限眷恋，从而产生吸引力，于是有关海洋神灵的崇拜，充斥于沿海地区的各个角落，构成海洋精神文化的一个重要组成部分。

（一）古越人对龙蛇图腾的崇拜

远古时代，南海周边生活着古越族，按"越"字释义，一说为水，则越人为水居邵族。水与人类生产生活关系极大，发生在水网、河口、海滨地区与水有关的自然、人文现象被神化，赋予某种超现实意义，形成图腾，受到人们崇拜。在南海地区，这些原始图腾崇拜有如下几种：

1. 龙神崇拜

龙为古越人崇拜的图腾，后演变为神，为不少民族、族群崇拜。古越人为在水中活动方便，惊吓水中鬼怪，也"断发文身"或"披发文身"。披发即留长头发，形像蛟龙，起到惊吓异类作用，借以保护自己。文身图案中有龙的图案，折射出对龙这一被赋予图腾意义的水中动物崇拜的意义，至今在海南黎族、广西壮族人文身或衣服饰物上仍可找到其遗存，说明古越人作为这些少数民族祖先的确以龙为崇拜图腾，并且与江河、海洋环境和他们的活动有不解之缘。

龙的原型实为鳄，南海港湾、三角洲河口和大河深潭古代都是鳄的渊薮。关于南海鳄的记载最早见于汉代史籍，但以唐代记录最多，韩愈

1　（德）黑格尔：《历史哲学》，生活·读书·新知三联书店，1956年，第135页。

被贬潮州，一纸《祭鳄鱼文》把鳄驱赶到海里去了，虽是夸大之辞，但潮州多鳄鱼却是事实。据出土鳄鱼骨骸和文献记载，南海港湾和入海大河，既有咸水型湾鳄，也有淡水型马来鳄。[1]唐代以前，鳄在岭南广泛分布，以后随着人类活动频繁，才被大量捕杀。但海南岛和香港，清代仍有鳄出没记录。鳄伤害人畜，但又充满神秘力量，被图腾化成龙母，受到西江地区古越人崇拜，历代不衰，至今不减。在西江流域，大小龙母庙遍布，中华人民共和国成立前数以千计，其中高要、顺德、藤县、广州、梧州、香港和澳门等较为集中，仅德庆县就有300多座。其中以德庆悦城龙母祖庙最为著名。这座规模宏大的龙母庙始建于秦汉，历代有修葺，有2 000多年历史。从南朝沈怀远《南越志》、唐刘恂《岭表录异》到清屈大均《广东新语·神语》等都有龙母为温姓夫人的记载。秦始皇闻其有德于民，有功于国，欲纳进后宫，夫人不从，后化为龙。自汉代以来，各朝对龙母封赠有加，甚至被道教"三天上帝"封为"水府元君"，显示这位龙母由人变成神。龙母被神化以后，成了当地的保护神。农历五月初八为龙母诞，其时来自两广的西江地区、珠江三角洲，香港、澳门、湖南、江西，甚至海外的善信数以万计，形成祀拜盛会。清康熙卢崇兴《悦城龙母庙碑记》载："从此，往来之士庶农绎报赛祝者络绎如织，千百年如一也。"叶春生《岭南民间文化》引用有关资料说，1946年一届龙母诞，组团来贺诞者总数在30万人左右。近年来德庆当地以此作为资源发展旅游，龙母诞期间香客仍保持30万人左右，收入约2 000万元，成为德庆支柱产业。在佛山也有龙母庙，过去"男女祷祀无虚日"。[2]顺德在清咸丰年间有乡庙84座，2座为龙母庙，并与天妃庙一起致祭。[3]广东增城等地的龙母诞日同时演神戏轰动四方。肇庆至今尚存宋代白沙龙母庙和清代护龙祖庙，成为龙母崇拜代表性建筑物之一，也是当地的

1　司徒尚纪主编：《广东历史地图集》，广东省地图出版社，1995年，第175页。

2　（清）陈炎宗编：乾隆《佛山忠义乡志》卷十八。

3　（清）郭汝诚修、冯奉初纂：咸丰《顺德县志》卷十六，《胜迹》。

旅游景点。

2. 蛇神崇拜

岭南多蛇。古代福建一带，还流传用人祭蛇的风俗。闽人后大量迁入粤东和琼雷地区，祭蛇也在当地流行，蛇神享有崇高的地位。清吴震方《岭南杂记》记载潮州、东莞、广西梧州盛行蛇神崇拜。到清成同（1851—1874年），潮州已有多座青龙庙，并在每年正月二十三日举行游神活动。光绪《潮阳县志·信仰民俗》云："正月青龙庙'安济王会'……届时奉所塑神像出游，箫鼓喧阗，仪卫煊赫，大小衙门及街巷各召梨园奏乐迎神。其花灯则各烧烛随神驭夜游，灿若繁星，凡三夜，四远云集，靡费以千万计。"1935年2月该县的一次游神，"赛会三昼夜，万人空巷，盛况罕见。邻近县市及海外华侨来潮赴会者不下十余万，而杀生祭神者几遍全城"。[1] 更有甚者，过去当地人每见小蛇即接回家，让其蟠伏于香案上，然后敲锣打鼓，游行于市，再送回庙中，形成热烈的祀神风气。

在珠江三角洲，祀蛇的庙宇称三界庙。屈大均《广东新语·神语》记载有听神蛇决是非的事情。山区梅州一带也属蛇神安济圣王的祭祀圈范围，形成历史并不比潮州晚。宋王象之《舆地纪胜》谓梅州有"安济王行祠，在城东隅。其庙在恶溪（韩江）之滨。崇宁三年（1104年）赐额"。[2] 又乾隆《嘉应州志·杂记部》也载："安济侯庙，梅溪岸上，俗名梅溪宫，祀梅水之神。"[3] 这里安济圣王又变成助人汜渡的河神，而不是赐人福祉的蛇神。大抵客家山区水流湍急，常有山洪暴发，危及途人安全，更需神明庇佑，故多建有蛇王宫之类的庙宇，安济圣王的职能可能由此发生改变。

1　释慧原编纂：《潮州市佛教志·潮州开元寺志（上）》，潮州开元寺印，1992年，第335页。

2　（南宋）王象之：《舆地纪胜》卷一〇二。

3　司徒尚纪：《岭南历史人文地理——广府、客家、福佬民系比较研究》，中山大学出版社，2001年，第298页。

（二）南海神崇拜及其文化意义

1. 南海神崇拜由来及演变

在古人看来，海洋是吐星出日，天与水际，其深不测，其广无垠，怀藏珍宝，神隐怪匿的世界。[1]这样一个无边大海，战国时我国把它分为四大部分称为"四海"，即东海、西海、南海、北海。为与青龙、白虎、朱雀、玄武四个方向对应，南海亦曰"赤海"。但先秦时期的"南海"，泛指南方之海，或指今日之东海，或指今日之南海。秦始皇三十三年（前214年），秦在今广东中东部置南海郡，其所濒临的海域大抵固定称南海。刘熙《释名·释水》有曰"南海在海南，宜言海南，欲同四海名，故言南海"。汉杨雄《交州牧箴》云："大汉受命，中国兼该。南海之宇，圣武是恢"，[2]说明南海浩大，皇上重视有加。南海后来又泛指东南亚一带的海域，甚至远至印度洋，乃至爪哇岛到澳大利亚海域，经这些海域来的外国船被称"南海舶"。[3]这些地域概念显示，南海为我国四海之首，在疆域交通、贸易、物产等方面具有重要意义，也同时说明，南海浩渺无垠，神秘莫测，"能出云为风雨，见怪物，皆曰神"。[4]海神崇拜也由此而来。这样我国四海都有海神，且各有其特征。南海神的面目，据《山海经·大荒南经》曰："南海渚中有神，人面。珥两青蛇，践两赤蛇，曰'不廷胡余'。有神名曰因因乎，南方曰因乎，夸风曰乎民，处南极以出入风。"按这段文字描绘，南海神不廷胡余，是一个头和脚各缠着两条青蛇和赤蛇的海神。此外，四海之神各有异名，《太公金匮》曰："南海神曰'祝融'，东海神曰'勾芒'，北海神曰'玄冥'，西

1　中国科学院自然科学史研究所地学史组主编：《中国古代地理学史》，科学出版社，1984年，第234页。

2　（汉）杨雄：《杨子云集》卷6。

3　（唐）李肇：《唐国史补》卷下，上海古籍出版社，1979年，第62—63页。

4　《礼祀·祭法》。

海神曰'蓐收'"。[1]屈大均《广东新语·神语》释"四海以南为尊，以天之阳在焉，故祝融神次最贵，在北东西三帝、河伯之上"。从以上这些诠释中，可知南海神在海洋水体本位神中居显赫地位，对其崇拜也在其他神祇之上。

隋朝结束南北朝分裂状态，再造封建统一国家，在礼制上进行一系列革新和整合。另也为适应日渐发达的海上贸易，于隋开皇十四年（594年）在我国沿海建东海神庙和南海神庙，南海神庙建于广州南海镇（今广州市黄埔区）。韩愈《南海神庙碑》言，庙"在今广州治之东南，海道八十里，扶胥之口，黄木之湾"。[2]扶胥口和黄木湾依山面海，正对狮子洋，航海条件优越，南海镇是个较大的居民点，补给充足，与广州城联系便利，故南海神庙选址甚为科学合理。

唐代广州已成为世界性贸易大港，"广州通海夷道"起点，南海贸易空前繁荣，南海神庙地位也大为提高。唐天宝十年（751年）"四海并封为王"，即东海"广德王"，取广布恩德之义；南海"广利王"，取广招财利之义；西海"广润王"，北海"广泽王"，都取广施恩泽之义。值得注意的是，南海王突出财利，显然与作为广州港的保护神，能促进获取海上贸易利益有关，比其他几位海神王更彰显南海王的重要地位。唐中央政府在封四海王之同时，委派名相张九龄之弟张九章前来广州祭南海神。唐玄宗《册南海神为广利王文》有曰："惟南海荡涤炎州，包括溟涨，涵育庶类，以成厥德。朕嗣守睿图，式存精享，神心允穆，每叶休徵。今五运惟新，百灵咸秩，思崇封建，以展虔诚。是用封神为广利王。其光膺典册，保乂寰宇，永清坤载，敷佐邦家，可不美欤！"[3]唐王朝对南神海的厚望，实际反映了广州港海上贸易对国家财政的重要意义。此后唐代祭祀南海神成为定例。从中央到地方官员都前往致祭，

1　（唐）瞿昙悉达撰：《唐开元占经》卷一一三，《四海神》。

2　（唐）韩愈：《昌黎先生文集》卷三十一。

3　（宋）宋敏求：《唐大诏令集》卷七十四。转见王元林：《国家祭祀与海上丝路遗迹——广州南海神庙研究》，中华书局，2006年，第74页。

岭南人张九龄、张九章兄弟也成为代表唐玄宗礼神的实际执行者。唐诗人李群玉到广州，有诗《凉公从叔春祭广利王庙》曰：

> 龙骧伐鼓下长川，直济云涛古庙前。
>
> 海客敛威惊火饰，天吴收浪避楼船。
>
> 阴灵向作南溟主，祀典高齐五岳肩。
>
> 从此华夷封域静，潜熏玉烛奉尧年。[1]

诗中铺陈祭南海神的热烈场面，赞颂神的功德和贡献！当然这是溢美之词，但不容否认，唐代南海神庙香火兴盛，南海神备受推崇，与广州外贸发达有不可分离的关系。

南汉以外贸立国，对南海神重视有加，南汉主刘铢时，"尊海神为昭明帝，庙为聪正宫，其衣饰以龙凤"。[2] 南海神由王升为帝，地位大为提升，为南汉时广州外贸兴旺发达的一个缩影。

两宋南海贸易兴盛不减于前，中央到地方的官员多次隆重致祭南海神，新修庙宇，北宋开宝四年（971 年）宋太祖易南海神龙服为宋一品官员服，宋真宗赐南海王玉带。北宋康定二年（1041 年），南海神又赐封"加洪圣"，即"洪圣广利王"，北宋皇祐五年（1053 年）宋仁宗又加封南海神为"洪圣广利昭顺王"。每次中央都将南海神与五岳、四渎一起致祭，反映南海神在维持国家财政收入、地区安宁方面的重大作用。史志书上有不少南海王显灵，助灭匪贼，平息战乱的记载，如南宋庆元三年（1197 年），海盗为乱珠江口大溪岛，广州知府钱之望一方面"即为文告于（南海）神"，祈求南海神保佑平乱，另一方面调兵遣将前往征剿，结果获胜而归。官兵皆"益仰王之威灵，凡臣（钱之望）所祷，再一不酬"，"阖境士民以手加额，归功于王，乞申加庙号，合

1　（清）彭定求等编修：《全唐诗》卷五六九。

2　（南宋）李焘：《续资治通鉴长编》卷十二。

辞以请"。[1]当然，作战的胜负依赖于乞求于神灵，只是一种心理作用，但折射出南海神在官民中的崇高地位和作用。

基于南海神在海上贸易和绥靖地方治安的作用，而扶胥口南海神庙（东庙）与广州有一定距离，风涛阻隔不便，北宋熙宁四年至五年（1071—1072年）在修筑西城之同时，修建了南海西庙，地点在今广州西关广州酒家一带。主要目的是护城安民、避恶镇邪。自此，广州有两座南海神庙，俗称东庙和西庙，但西庙后在宋元两军交战中被毁，今仅余东庙。宋人杨万里《题南海东庙》诗反映了宋代两庙极为繁华的景象。诗曰："……大海更在小海东，西庙不如东庙雄。南来若不到东庙，西京未睹建章宫。"[2]

元代海运兴隆，与广州有外贸关系的国家和地区比宋代多，作为官祭的南海神，仍受到重视，列入国家级祭祀之列并于元至元二十八年（1291年）封南海神为"南海广利灵孚王"。但随着另一位航海保护神天妃的出现和地位上升，南海神地位有所削弱，开始走向萎缩。南海神崇拜在中央和地方也日渐式微，到明代则转为衰落——取消前代封号，只称"南海之神"。到清代则为它的尾声，虽然在清雍正二年（1724年），南海神被加江海大神封号，清雍正三年（1725年）又被加封为"南海昭明龙王之神"，加之此前康熙皇帝御书"万里波澄"刻石立碑于庙前，也有过多次由朝廷派遣官员前来致祭，但终未能改变其信仰衰败局面。特别是鸦片战争以后，广州港逐步沦为半殖民地化港口，中外海上贸易发生质变，不再称为"海上丝绸之路"。而南海神庙所在河道也变淤浅，不利于外舶停靠，港口位置先后移至黄埔村、长洲岛等地，南海神庙成为海上丝绸之路重要的见证遗址。而南海神崇拜则演变为一种庙会性质的风俗文化活动保留下来，传承至今，成为南海神崇拜在广州约1

1　（宋）钱之望：《庆元四年五月尚书省牒》。见道光《广东通志》卷二一二，《金石略》。

2　广州市地方志办公室编：《南海神庙文献汇辑》，广州出版社，2008年，第231页。

500 年历史的见证。但其海洋文化意义仍十分巨大。

2. 南海神崇拜的文化意义

第一，南海神庙和南海神崇拜是南海海洋文化发展的一个重要标志。作为四海之首的南海，在国家领土主权、经济和文化生活中享有崇高地位，不管封建王朝如何更替，时代怎样变迁，历代王朝对南海神的封号从未中断，对庙宇维护次数之多，规格之高，为其他海神庙难以相比，而地方官员和群众对参与这些祭祀和庙会活动的积极性之大，热情之高，也是罕有的。这显示南海神不但在国家大事和地方治安方面发挥重要作用，而且涉及百姓生计的旱涝、丰歉、灾祥等，也有精神上的安抚、调适等功效，因而得到岭南广大民众的认可，具有广泛的群众基础，历千年而不衰，并且作为一笔珍贵的海洋文化遗产，为今日继承和利用。

第二，南海神庙是中外文化的交流见证，昭示了广州作为海上丝绸之路发祥地的历史贡献。南海神庙所祭祀的神祇，除了南海神广利王祝融，还有达奚司空，其为南天竺人，为南朝梁普通年间（520—527 年）来广州的菩提达摩的三弟。传说唐贞观年间（627—649 年），达奚司空作为摩揭陀国使者来到广州，因误了归期，只好留居当地，他常望江悲泣，后死于江边。广州人认为达奚司空是海上丝绸之路的友好使者，予以厚葬，并为之穿上中国衣冠，塑成远望海舶来庙之状，以手放额上，请进庙中供奉。达奚司空随身带来的两棵波罗树种于庙外，南海神庙由此也称波罗庙，达奚司空被称为波罗神，并屡有显灵记载。如许得已《南海庙达奚司空记》载，广州为中外商舶汇聚之地，"海外诸国贾胡岁具大船，赍奇（重）货，涉巨浸，以输中国"，但"海上风云变化无常，顷刻乘之以烈风雷雨之变，舟人危惧，愿无；须臾死，以号于神，其声末乾，倏已晴霁。舟行万里如过席上。人知王赐，出于神之辅赞，盖如此，故祷谢不绝"。[1]这是达奚司空辅佐南海神帮助外商化险为夷之事，

1　（宋）许得已：《南海庙达奚司空记》。转见王元林：《国家祭祀与海上丝路遗迹——广州南海神庙研究》，中华书局，2006年，第159页。

彰显中外海上贸易合作佳话。

第三，南海神崇拜扩布岭南各地，成为地域性神祇，延续至今。自在广州兴建南海神庙以后，南海神崇拜很快传播沿海各地，尤其临海近水地区，南海神庙接踵而起，宋元时期方志流传甚少，难以窥其分布状况，而到明代有关南海神庙分布记载不绝于书。据王元林整理，明代有南海神庙的州县有广州城，南海黄鼎、神安、大通、太平、芙蓉岗，番禺板桥、新荟、塘都、冈尾、板桥，顺德古朗，东莞石冈，惠州府龙川，潮州府兴宁，揭阳等。粤西洪圣南海庙较多，明代有新州、恩平、开平、新会、高要、德庆、阳江等县，但粤北、粤东则很少见到南海神庙。这都与珠江三角洲及粤西河网密集，江海相通，南临大海的地理格局有密切联系，同时也与这些地区主要为广府系居地，海上贸易发达，民众多祷求南海神庇护、解难有关。如番禺板桥，"本南海之屿藉祝融之庥庇，乘风潮而往来，虽甚震撼，无或倾沮。出云雨泽，时和年丰，波涛流宕，汰其害气，无有疾疠，停毓祥淑，人物畅拔，靡不赖焉。是故四业之民，岁时奔走，惟南海之神是托是赖"。[1]而粤东明代多天妃庙，可以起到同样保佑作用，故南海神庙不多见。

清代，南海神庙的地区分布仍因袭明朝地理格局，但为数更多，"然今粤人出入，率不泛祀海神"。[2]即分布重心在珠江三角洲的广州府、肇庆府，以及惠州府等。据中山大学叶春生教授估计，中华人民共和国成立前，广东南海神庙（含称洪圣庙广利庙）不下500个，而天后庙只有300个。[3]不过有的地方把海神庙称龙王庙或大王庙。如建于清道光元年（1821年）的广东阳江市漠阳江河口区司塱村"应元宫"，供奉海神，亦称大王庙，村民出海膜拜甚笃。也有人认为龙王庙就是南海神广利王庙，如江门潮连乡洪圣殿即供奉南海洪圣龙王，把南海神和南海龙王合

1　（明）黎遂球：《莲须阁集》卷十五，《南海神祠碑记》。

2　（清）屈大均：《广东新语》卷六，《神语·海神》。

3　司徒尚纪：《岭南历史人文地理——广府、客家、福佬民系比较研究》，中山大学出版社，2001年，第268页。

在一处致祭。以上分布格局，反映广州作为海上丝绸之路大港口地位和珠江三角洲、西江地区航运、水产业兴盛。

第四，形成以祈求出海平安为目的的群众性风俗活动，为广州地区一项重要非物质文化遗产。南海神崇拜反映了南海地区百姓祈求国泰民安、风调雨顺、团圆吉祥的良好愿望，因而能深入人心，拥有广大信众。大约在宋代在南海神诞期，即农历二月十一、十二、十三形成民间诞会，作为奉供南海神的群众性风俗活动，即庙会。届时广州地区和珠江三角洲各地乡民，蜂拥而来，有上香拜神，有抬神像出游，有唱曲演戏，有舞狮舞龙、耍杂卖艺、摆摊卖货，还有趁机走访亲戚朋友、相亲交友，热闹非凡。旧有"第一游波罗，第二娶老婆"之谚，把两者相提并论，可见这种活动的被重视程度和具有广泛性群众基础。宋人刘克庄《即事》诗曰：

> 香火万家市，烟花二月时。
> 居人空巷出，去赛海神祠。[1]

清黄荣《羊城竹枝词》云：

> 春风二月扇微和，春水三篙起绿波。
> 舲舸似凫人似蚁，共浮东海拜波罗。[2]

屈大均《广东新语·器语》对波罗诞记载尤详："粤人击之（鼓）以乐神，其声闿鞈铿鍧，若行雷隐隐，闻于扶胥江岸二十余里，近则声小，远乃声大"。广州地区各种风俗集会很多，"香火无虚日"，但"极

1　广州市人民政府文史研究馆编：《羊城艺苑》，花城出版社，2018年，第104页。

2　雷梦水、潘超、孙忠铨等编：《中华竹枝词》，北京古籍出版社，1997年，第2964页。

盛莫过于波罗南海神祠，亦在二月，四远云集，珠镶花艇，尽归其间。锦绣铺江，麝兰薰水。春风所过，销魂荡心，冶游子弟，弥月忘归，其靡金钱不知几许矣"。[1]这种盛大规模的民间游神和庙会，充满了人情美、风俗美、和谐美，怪不得能延续上千年不衰，至今仍为官民喜闻乐见，年年举办不误。

（三）妈祖崇拜及其文化风格

1. 妈祖崇拜的嬗变与地理分布

宋元时期，闽广海上往来甚为频繁，"广米"和槟榔大量输入福建，福建过剩人口也大量迁入潮汕、雷州半岛和海南岛，八闽文化随而在岭南沿海扩布，并与当地文化融合。其中最具深刻影响力和最有群众基础的首推妈祖崇拜，至今已演变为岭南海洋文化的一个最重要元素。

妈祖，福建莆田湄洲岛人，叫林默娘，少有异术，30 岁而亡，当地人尊为神，为其建庙。北宋宣和年间（1119—1125 年），给事中路允迪出使高丽，在途中遇到风暴，传得到妈祖保佑，顺利抵达目的地。回来后，他向朝廷为妈祖请封，获得宋徽宗允准，其庙被命名为"顺济庙"。此后妈祖多次显灵，也多次受封，到宋末，妈祖得到的封号已有十四次之多，在宋代亦不多见。元代，海运非常发达，泉州升为全国第一港，海神崇拜非常盛行，妈祖信仰在福建达到独尊地位。元世祖忽必烈在至元十八年（1281 年），即在广东新会崖山灭宋后第三年，册封妈祖为"护国明著天妃"，[2]确立了妈祖全国最高海神地位。明代，郑和七下西洋的壮举，妈祖作为航海保护神的方面备受重视，明永乐七年（1409 年），永乐帝赐封妈祖为"护国庇民妙灵昭应弘仁普济天妃"，

1　（清）李福泰修，史澄、何若瑶纂：同治《番禺县志》卷六，《舆地略·风俗》。

2　《妈祖文献资料》。转见徐晓望：《妈祖的子民：闽台海洋文化研究》，学林出版社，1999年，第397页。

天妃称号再次得到官方认可。入清以后，朝廷对妈祖的崇拜和祭祀达到一个新高度，清康熙二十三年（1684年），妈祖被封为"护国庇民昭灵显应仁慈天后"。"后"是皇帝正配，地位高于次妻"妃"。天妃升为天后，显示妈祖成为与上帝同级的神祇。到清咸丰七年（1857年）天妃又得到朝廷册封，为"护国庇民妙灵昭应宏仁普济福佑群生诚感咸孚显神赞顺垂慈笃祜安澜利运泽覃海宇恬波宣惠道流衍庆靖洋锡祉恩周德溥卫漕保泰振武绥疆天后之神"，长达64个字之多，为其他任何诸神不能相比，妈祖崇拜在朝廷和民间达到历史巅峰。[1]

基于北宋以后中国海事活动的发展，特别是南海海上贸易事业的兴旺，我国人民真正认识到海洋的伟大和存在的危机，郑和就说过："财富取于海，危险也来于海上。"[2]人们从内心产生了崇拜海神的强烈愿望，妈祖作为航海保护神正好满足了人们的心理需要。粤人和闽人一样，都是善水、航海能手，从汉代由徐闻、合浦发航海上丝绸之路，已通向广袤的海洋，粤人在全国不可动摇的航海地位和高超的航海技术，固然是值得自己骄傲，但也同样要吸收邻近国家、地区的航海经验，妈祖崇拜的一个重要文化内涵，即包括了闽人在航海上的技能和优势。所以妈祖信仰的传播，也是一种海洋文化的扩散。闽粤商人在中国商界久负盛名，闽商在海内外建立了不少会馆和妈祖庙宇，理所当然地影响到具有同样商业实力的粤商，这种效法作用自然发生。再加上统治者的大力封赐，妈祖被捧到水神的最高位置，由此积聚的文化势能自然不断向外倾泻，首受之区就是广东。再有历代从中央到地方官员都亲祭妈祖，上行下效，起了推波助澜作用，首先荡漾到与闽相邻的广东。这在宋代就已发生。陈天资《东里志·疆域志·祠庙记》曰："天后宫……在深澳，宋时番舶建。"另南宋《临汀志》记潮州有一座"三圣祀庙"，供奉包括妈祖

1　转见王元林：《国家祭祀与海上丝路遗迹——广州南海神庙研究》，中华书局，2006年，第400页。

2　转见王曙光主编：《海洋开发战略研究》，海洋出版社，2004年，第31页。

在内的三位圣妃，为往来汀江、韩江的船工所建。而南宋时任广东提举转运副使的福建莆田人刘克庄说："某持节到广（州），广人侍妃，无异于莆（田），盖妃之威灵远矣。"[1]后世潮汕妈祖庙特别多，清人说这些庙宇"其创造年代俱无考，大约始于宋元"，[2]这些都是妈祖崇拜传入广东的最早记载。

到明清时期，天后庙已林立于我国沿海各地，并广见于台湾，亦广见于东南亚地区，已变成国际性、典型的华人信仰，一位最有影响力的中国土生土长海神。据有关方志统计，目前广东存天后庙100多座，[3]潮汕系地区占多数。中华人民共和国成立前，汕头一埠就有近10座，著名的如出海口妈屿上的新妈宫、礐石天后庙等。面积仅130平方千米的广东第一大岛南澳岛现仍存15座天后宫，最早的建于宋。揭西天后宫建于清光绪九年（1883年），以宏敞见称。潮安旧称海阳，也是妈祖崇拜中心之一，光绪时有天后庙10座以上。[4]同期潮阳也有5座。[5]这两地天后庙多在城内各地会馆附近，皆为民间私建，指实为商业兴盛所致。澄海天后庙也有7座，[6]著名的一座为后沟妈宫，位于水陆交通方便的河边，二为樟林即潮汕古代著名港口的天后宫。闽船云集樟林，天后宫大门联曰："海不扬波，隐渡星槎远迩；民皆乐业，遍歌母德恩深"。[7]放鸡山天后庙，有用鸡放生祀天后的仪式，为当地特有习俗。海陆丰多港湾，志载天后宫不少，还流传许多天后显灵故事。在汕尾，不但以妈祖命名的街道甚多，连小孩取名也不例外，往往与妈祖

1　（南宋）刘克庄：《后村集》卷三十六，《祝文》。

2　（清）周硕勋等纂：乾隆《潮州府志》卷二十五，《天妃庙》。

3　陈泽泓：《广东民间神祇（下）》，载《羊城古今》，1997年第5期。

4　（清）卢蔚猷编修：光绪《海阳县志·建置志》。

5　（清）周恒重监修：光绪《潮阳县志》卷六。

6　（清）金廷烈纂修：乾隆《澄海县志》卷七，《庙坛》。

7　司徒尚纪：《岭南历史人文地理——广府、客家、福佬民系比较研究》，中山大学出版社，2001年，第291页。

或佛祖相联系。男孩常以"妈""娘""佛"为通名，过去男孩不是叫"佛泉""佛有"，就是叫"娘包""娘兴""娘溪"，或称"妈禄""妈水""妈吉""妈炎"等。在雷州半岛徐闻，生贵子，契婆妈，小孩取名妈生、妈二等，希望得到妈祖保佑，也是妈祖崇拜的反映；女孩取名，则与"妈""娘""佛"等无关，从侧面反映潮汕人对海洋的依赖，因女子不便于出海之故。从海陆丰以西，天后宫继续大量出现，经珠江口两侧、台山、阳江，至雷州半岛，直下海南沿海。志载电白有5座，见于县城、水东、博贺等港口或近水处；吴川有8座，位居南海神、洗太夫人、龙母庙之先，在当地人心中地位甚高；海康（今雷州）有多座，其中最大一座县城南天后庙，庙门楹联曰："闽海恩波流粤土，雷阳德泽接莆田"。表明雷州半岛妈祖信仰与福建莆田关系深远；又今湛江东方街原名"天后街"，以旧有天后庙得名，惜今已废为民居。高雷本盛祀洗夫人，庙宇林立，妈祖传入，也有被请进庙中并祀的，但称"宣封庙"，今湛江市南郊即有一座。湛江硇洲岛为航海冲要，明正德元年（1506年）修天后宫，历代有重修，属名庙。天后像联云："呵护航行，雨化千年长在望；仰瞻石像，神通海岸合言欢。"在茫茫大海中被风浪抛得迷失方向的渔民见了天后像，犹如见到救星，似乎听到了天后的呼唤，望着救星归航，一种亲切安全感陡然在心中升起。而为了增加和扩大妈祖信息来源，强化她的法力，到清后期，在海船中还为其加陪祀神"顺风耳""千里眼"。据王荣国《海洋神灵：中国海神信仰与社会经济》一书材料，清乾隆至道光年间琉球国救起26艘中国遇难商船，中有6艘为广东商船，属潮州府商人，船上分别供奉"天上圣母神像金座""天后陪祀顺风耳千里眼"各一座，以及"天后、天恩公公合祀"一座，皆为潮州一带民众海上守护神。[1] 徐闻海安港为通海南岛要津，明代修有妈祖宫，香火颇盛。

清许联陞《粤屑》记，"廉州、钦州有三婆婆庙，州人祀之甚虔，

1　王荣国：《海洋神灵：中国海神信仰与社会经济》，江西高校出版社，2003年，第238—239页。

官此地者，朔望行香必诣焉。三月二十二日为婆婆生日，迎神遍游城内外，铙鼓嘲轰，爆竹声震动一城"。[1] 到民国《海康县续志·坛庙》云："雷俗亦多祀三婆婆神。云是天后之姐，以三月二十二日为诞辰。考刘世馨《粤屑》云，浔州天后庙有碑记叙述天后世系言自莆田庙中抄出者，称天后有第三姐，亦修炼成仙。则三婆婆有来历，非子虚也。"这实是从妈祖衍生出来的海神崇拜。广西北部湾京族，还有祭四位婆婆和六位灵官的风俗，也可能和妈祖崇拜有某种联系，属地方性神灵。

从宋代起闽潮商人即活跃于海南，故岛上妈祖庙甚多。明嘉靖《琼州府志》曰："今渡海往来者，官必告庙行礼，而民必祭卜方行"，[2] 这位护航女神已深入官民之家。志载天后庙在岛南端崖州有6座，[3] 西北儋县有4座，[4] 其他州县难以历数，以海南四周多港湾之故也。因妈祖是源于民间的神祇，比官封的南海神更贴近群众，所以庙宇多、祭祀盛。每逢妈祖诞日（一般为农历三月二十三）多有游神、演戏等群众性风俗活动，如岛（海南）内陆定安县这天"各会首设庆醮，或请神像出游，谓之'保境'"，[5] 反映妈祖作为勇敢、无畏、正义的化身，有涉波履险、热爱公益、济世救民的美德。志称在佛山"天妃，司水乡，人事之甚，谨以居泽国也。其演剧以报，肃筵以迓者，次于事北帝"；[6] 在东莞，老百姓"衣文衣，跨宝马，结彩栅，陈设焕丽，鼓吹阗咽，岁费不赀"[7]；在广西贵县（今贵港市），"其地赛会迎神演戏，则关帝、观音、天后、

1　上海中国航海博物馆编：《丝路和弦》，复旦大学出版社，2019年，第6页。

2　司徒尚纪：《岭南历史人文地理——广府、客家、福佬民系比较研究》，中山大学出版社，2001年，第292页。

3　（清）钟元棣修，张儁（同隽）、邢定纶等纂：光绪《崖州志》卷五。

4　曾友文、彭元藻主修，王国宪总纂：民国《儋县志》卷五，《坛庙》。

5　（清）吴应廉创修，王映斗总纂：光绪《定安县志》卷十，《岁时民俗》。

6　（清）陈炎宗编：乾隆《佛山忠义乡志》卷十一，《岁时民俗》。

7　叶觉迈修，陈伯陶纂：民国《东莞县志》卷一〇二。

龙母、北府、东岳、三界各庙宇，昔日亦各有神会"[1]；在郁林（今玉林市），有"念（三月）三日，天后神诞"的盛大活动。这都因为"吾粤水国，多庙祀天妃"。[2] 著名水乡顺德（今佛山市顺德区），清咸丰年间（1851—1861年）即有天后庙47座。[3] 举凡河网发育和临海地区即有天妃庙。据有关方志，广州、佛山、中山、阳江、阳春、开平、台山、高明、鹤山、高要、封开、四会、广宁、新兴、德庆、郁南、花县（今广州花都区）、赤溪（今属台山）等地，并溯西江入广西沿江各地都有数量不等的天妃庙。广东增城新塘、仙村等水乡的群众每出海前都要到庙前拜祭一番，心里才感到踏实。这种虔诚致祭的风俗风靡崇拜天妃的一切所到之处，形成从沿海向内地扩散的格局。不但天妃庙宇林立，天妃地名也很普遍，如广州即有6条天后街（巷），即一德路天后巷、西华路天后里、带河路天后直街、光复北路天后庙前、芳村天后庙前街等。妈祖崇拜充分显示闽粤琼桂等地文化相互传感和互动，这也是共同文化作用力的典范。

　　在作为海运枢纽的香港、澳门，妈祖崇拜更是风靡上下，成为当地人最重要的保护神。在澳门，至今仍有8座天后庙，[4] 其中最早的天后庙建于明代，即今"妈阁庙"。澳门葡文名称"Macau"，即由"妈阁"音译而成。印光任、张汝霖《澳门纪略》曰："葡人初入中国，寄碇澳门，是处有大庙宇，名曰'妈阁'，葡人误此庙之名为地名。"这也反映欧洲人对妈祖崇拜的认同，"妈阁庙"成为澳门海洋宗教文化一个最醒目标志，也是最热门旅游景点，并收入西方画家描绘澳门的大量图画中。后起的香港，对天后的崇拜之热，超过内地任何一座城市。据廖迪生《香港天后崇拜》一书统计，在香港1 071.8平方千米陆地面积（含各离岛）

1　欧仰义主修：民国《贵县志》卷十八。

2　（清）屈大均：《广东新语》卷六，《神语》。

3　（清）郭汝诚修，冯奉初纂：咸丰《顺德县志》卷十六，《胜迹》。

4　许桂灵：《中国泛珠三角区域的历史地理回归》，科学出版社，2006年，第181页。

中，有天后庙57座（未含该书未涉及小规模者），[1] 平均每18.8平方千米有1座，这个密度仅次于澳门。且港澳天后崇拜参加人数之多，组织之健全，场面之热烈，恐为内地所不及，此实为港澳同胞对海洋依赖在心灵上的寄托和希望。

2. 妈祖崇拜的文化风格

妈祖作为勇敢、无畏、正义、慈爱的化身，有热爱公益、济世救民的美德，正是沿海人民勇于开拓、冒险、进取精神的表现，充分体现海洋文化品格，因而妈祖崇拜具有不寻常的文化意义。

第一，妈祖文化是一种平民文化（或世俗文化）。妈祖原为民间一个普通女子，羽化升天以后，经常显灵拯救海难，护佑船只，被人们尊为海神。后来其功能又有进一步扩大，成为民众祈求各种愿望，如功名、福禄、生意、婚姻、风水、安危等的神祇，大部分妈祖庙里这种占卜的灵签达60支，涵盖社会生活各个层面，可见其深深植根于民间，有深厚群众基础，是平民文化的一部分。

第二，妈祖文化是一种母爱文化。妈祖是一个女性神，是一个年青母亲的形象。她身穿象征吉祥、喜庆的红衣，飘行于无垠的大海，到处去救苦救难，给人们带来吉祥、好运、安全。这样一个海神，她是一个温文尔雅、善良无比的伟大母亲，观音菩萨一样的化身。在她身上集中了母爱的慈祥、亲切、无私、利人，将爱付于人，而从不索取，[2] 可谓母爱万古流。这个形象既不同于一般男性神祇如关羽、吕洞宾等形象，更有别于西方的海神形象。有人指出西方海神的代表、希腊文化中的波塞冬也产于海洋崇拜，但这是一位恶神，他是海上的强者，可以给人类制造灾难。而妈祖作为东方文化的代表，体现了人类母爱的延伸，因而拥有无数信众，历久弥坚。

第三，妈祖文化是一种和平文化。秦汉以来，岭南人民凭借海上丝

---

1 廖迪生：《香港天后崇拜》，香港三联书店，2000年，第16—17页。

2 参见徐晓望：《妈祖的子民：闽台海洋文化研究》，学林出版社，1999年，第410—411页。

绸之路，远航东南亚、印度洋乃至非洲东岸、欧洲各地，进行的都是和平海上贸易，因而深受对方各国欢迎。自宋代妈祖文化兴盛，并为航海商人、水手、工匠等笃信以来，中国尤其是粤闽商人一直与南海周边国家和平相处，以经商为主要目的，追逐的是从买卖中得到的利润。明代郑和七下西洋，只对海盗和某个企图抢劫的国王使用过武力，郑和远航实际上是一种和平友好的外交活动，因而郑和航海中碰到困难或灾难，都会祈求妈祖救助而化险为夷。因为郑和航海是和平之旅，符合妈祖文化旨意，也是妈祖文化力量所在，故后来妈祖有"海峡和平之神"的封号。

第四，妈祖文化是一种自由文化。宋代以来，粤闽海商在南海周边国家和地区进行的是自由贸易，与当地百姓互通有关，一旦交易完成，便掉船返国。这些粤闽中小商人都是小本经营，虽有自己的商业优势，但没有垄断当地市场，往来东西二洋，也无任何限制。相反，宋元时期，外商也可自由地在广州、泉州等地居住经商，广州自唐代起设专供外商居住的"蕃坊"就是最好例证。明清"海禁"，但仍保留广州一口对外通商，即南海仍有一定自由贸易，使千年海上丝绸之路继续发展。这种自由贸易，符合妈祖崇尚自由的文化本质。

第五，妈祖文化是一种平等文化。妈祖之母爱，洒向人间各界，从发祥地福建莆田传向我国沿海，传到日本、朝鲜、欧美及东南亚等国家和地区。那里都有妈祖庙，如日本长崎、神户等地就有数十座，马来西亚有30多座，很多地方成立信仰组织"妈祖会"。这些信念令无论官民、贵贱、贫富、民族、族群等都一样祈求妈祖的麻庇、保护。这种妈祖的精神体现在世人一律平等，就像母亲把自己的儿女一样都看成自己的心头肉。这种精神用于经商就是中国人对海外各民族一律平等，一向平等，正如妈祖之光普照大海一样。这恰如孙中山1900年在台湾同梁启超一起为一座天后宫题联一样：

向四海显神通千秋不朽；

历三朝受封典万古流芳。[1]

第六，妈祖文化是一种包容文化。妈祖以母爱为本，以济世救人为目的，对任何人都一律平等，宽容、真正做到"海纳百川，有容乃大"，故能成为最具有广泛性、包容性的海神，而不是某个局限性的地域神。在妈祖庙里，不难见到祭祀的神祇，除了妈祖，还有其他各路神仙。如澳门莲峰庙里，妈祖就与关帝、文昌帝、神农、痘母金花娘娘等共存于一个神圣空间，享受信众奉祀，而崇拜者也不一定专拜某个神明。这种现象的根源，应归结于中国海洋文化是一种适应性广、包容性强的文化。中国人尤其是岭南人信奉多神教，无论何种宗教，在历史上都能在岭南找到自己位置，共生共荣，圆融互动，绝少发生因信仰不同而出现冲突事件。作为航海家的郑和，每次出航都经过南海，他既信妈祖，也拜佛祖和真主，多神信仰在郑和身上表现得淋漓尽致。

（四）其他海神崇拜

南海沿边，因地理区位和环境不同，除了以上几种海神崇拜以外，还流行多种其他海神崇拜，一起形成了海神崇拜圈。

1. 北帝神崇拜

北帝神或真武帝神也属水神或海神。屈大均《广东新语·神语》释曰："粤人祀黑帝。盖以黑帝位居北极而司命南溟，南溟之水生于北极。北极为源而南溟为委。祀赤帝者以其治水之委，祀黑帝者以其司水之源也。"赤帝一说为祝融，司南海，如屈大均在同书中又说："祝，大也；融，明也。南海为太阳之地，其神沐日浴月以开炎天，故曰祝融。"[2]所以广州南海神庙也是祝融享受人间香火的庙堂。而黑帝亦称北帝、上

1　转见洪三泰、谭元亨、戴胜德：《开海——海上丝绸之路2000年》，广东旅游出版社，2001年，第338页。

2　（清）屈大均：《广东新语》卷六，《神语》。

帝、真武帝。"粤多庙祀真武"，因"吾粤固水国也，民生于卤潮，长于淡汐"。[1]珠江三角洲，西江沿岸和沿海地区多水，水又为农业命脉，故北帝庙也最多，但以佛山真武庙（俗称祖庙）规模最为宏大、影响最广。《广东新语·器语》曰："岁三月上巳（三月初三），举镇数十万人，竞为醮会……凡三四昼夜而后矣。"进入广西西江地区北帝庙也多。北帝诞这天，梧州一带"土民贺神酬愿"。阳江、台山一带旧时也有北帝庙，后毁。

2. 伏波神崇拜

汉代进军岭南和平乱有功的西汉伏波将军路博德、东汉伏波将军马援身后受到岭南人设庙奉祀。从粤北到海南，从桂北到北部湾，在他们行军水陆交通线上，多有伏波庙。据嘉靖《广东通志》载，广东韶关、海康（今雷州）徐闻、琼山即有伏波庙。[2]屈大均说："以海神渺茫不可知，凡渡海自番禺者，率祀祝融、天妃；自徐闻者，祀二伏波。"两伏波被列入海神之列；又曰："伏波祠，广东、西处有之，而新息侯（指马援）尤威灵"。[3]今海南三亚天涯海角矗立的两伏波塑像，即为两伏波进军海南的一种历史回忆，同是蕴含着海洋社会人们对平安、吉祥的祈求。但伏波神崇拜主要在广府系、潮汕系和雷州系地区流行，留下遗址遗存、传说也最丰。如广西郁江横县伏波庙不仅规模巨大，而且祭祀仪式十分隆重，是广西名庙，每年前来朝拜者达4～5万人，沿江不少村落，家家供伏波神像。而在客家地区，除粤北韶关有一处外，伏波神崇拜已大打折扣，显然与当地地理环境和历史事件发生地点有密切关系。

3. 其他地域海神崇拜

在南海沿边和一些岛屿上，也由于海上交通关系而建立了一些神庙，但所祭祀不一定是南海神或妈祖，而是番神。如海南万州（今万宁）莲塘港有建于宋代的昭应庙，志称"昭应庙，在州（万州）东北三十五里

1　（清）屈大均：《广东新语》卷六，《神语》。
2　（明）嘉靖《广东通志》卷三十，《政事志三·坛庙》。
3　（清）屈大均：《广东新语》卷六，《神语》。

莲塘港门，其神曰舶主。明洪武三年（1370年），同知乌肃以能御灾捍患，请敕封为新泽海港之神。祀忌豚肉。往来船只必祀之，名曰番神庙"。[1]宋代南海航运发达，海南岛东部为航线所经，从记载看，该庙当是阿拉伯商人航海经此所立，为外商殁后在海南神化见证，也是中阿海上丝路往来一个佳话。甚至在南海诸岛，也遗留有海神崇拜遗迹。据广东省博物馆和原海南行政区文化局考古人员1974年对西沙群岛调查，仅在赵述岛、北岛、南岛、永兴岛、和五岛等岛上即有古庙14座，名称不一，有石庙、公庙、神庙、土地庙、娘娘庙等，至少反映海神崇拜已在这些岛上留存。这不仅是南海贸易、捕鱼等经济活动的记录，也是南海诸岛自古以来为我国领土主权一部分的有力证据。

这类地域海神，在潮汕地区，则有南海圣王、三将军石、莱芜神女、长年公、必帝、竹龙神等。据王荣国《海洋神灵：中国海神信仰与社会经济》一书介绍，今汕头市玉井乡有"南海圣王庙"，旁立有眼有鼻的石虎，被命名为"敕封南海王"。但南海王在各地名称不完全一致，不少地方统称为大王，所立为"大王庙"。如阳江沿海一带，即有这类庙宇，为半渔半农居民所崇拜。镇海三将军石，是指汕头海门港莲花峰旁三块巨石，分别被封为"镇海将军石""宁海将军石""静海将军石"，为潮汕地区镇海神。这种镇海灵石，在海南也不乏其迹，且历史更为悠久。据民国《儋县志·金石志一》载苏东坡《峻灵王庙记》："绍圣四年（1097年）七月，琼州别驾苏轼以罪遣于儋，至元符三年（1100年）五月诏以廉州，自念谪居海南三载，饮咸食腥，凌暴雨飓雾而得坐还者，山川之神实相之。谨再拜稽首，西向而辞焉。"苏东坡感谢的这位山神，汉代封为镇海广德王，宋代封为峻灵王，实际就是镇海之神，由一块巨石被赋予灵性而受人崇拜。苏东坡在文中追述曰："自徐闻渡海，历琼州至儋耳，又西至昌化县西北二十里，有山秀峙海上，石峰巉然若巨人，冠帽西南向而坐者，里（俚）人谓之山胳膊。而伪汉之世，封其山神为

1　（清）陈梦雷等编纂：《古今图书集成·职方典》卷一三八〇。

镇海广德王……皇宋元丰五年（1082 年），诏封山神为峻灵王。"显见，山神和海神往往是可以沟通和变身的。莱芜神女为澄海百姓崇拜的海神。相传这位神女本是凤凰仙姑的弟子，见到海怪危害当地渔民，便私自下凡为民除害，孰料反被惩罚，陈尸海滨，后身化为莱芜岛。这位神女作为当地渔民的保护神，备受供奉，连其所在地方都称"向美人"。火帝兴起于潮州澄海樟林港，称大老爷。清乾隆到嘉庆年间（1736—1820年），樟林港商业贸易十分兴盛，火帝作为港口神明受到隆重祀祭。光绪时创作潮州歌册《樟林游火帝歌》，作了详细描述。从农历二月十二到十五，游神持续四天，吸引范围还包括南澳、饶平等地居民。《火帝歌》铺陈下营火帝热闹非凡。有云："八街尽盖揽天来，街吊灯橱共灯牌。纱灯活灯柴头景，龙虎狮象做一排。" "亦有古玩走马灯，青景奇花样样清。彩有飞禽共走兽，亦有海味绣球灯"。加上威武雄壮的仪仗队作配，游火帝成为粤东祭海神一项风靡城乡的风俗活动。

六、南海海上社会疍民
文化

疍民即水上居民，自古以来即生活在南海沿岸的各个港湾和大小江河，是唯一水上族群。生活在海洋上的被称作"咸水疍"，生活在江河上的被称作"淡水疍"。因族源，疍民的生产生活环境、方式以及历史发展进程等与陆上居民有很大不同，疍民文化具有许多独有文化特质、风格和景观。疍民作为海洋文化的一个特殊载体，从古到今都活跃在南海周边甚至腹地，保留了许多古老的文化传统，被称为海洋文化一个"活化石"，非常值得考察和研究。不过，这里说的主要是咸水疍，有时也涉及淡水疍。实际上，基于岭南不少地区江海一体的地理格局，这两类疍民流动性很大，河流和海洋都可以是他们活动的空间，故疍民文化也兼具江河和海洋文化特征，难以划出截然分明的界限。

（一）疍民的历史渊源和地理分布

1. 疍民的历史渊源

生活在南海和珠江水系的疍民是古越族的一支。如果以新石器时代贝丘遗址分布为依据，他们滨水而居，以捕捞水产为食，活跃于珠江口、东江、西江沿岸，以及西江上源左、右江两岸的台地上。疍民在古文献里最早出现于《隋书·南蛮传》，曰："南蛮杂类，与华人错居，曰蜒（疍）、曰俚、曰獠、曰㺐，俱无君长，随山洞而居，古先所谓百越是也。"[1] 据中山大学张寿祺教授考证，疍民一词在粤方言中称"疍家"。"疍"音源于古越语，意指乘小船，"家"为古汉语借词，指人群，所以疍家或疍民即生活在小船上的人群，并无任何贬义。[2] 当然，有关疍家的起源众说纷纭，难以划一。比较有影响的，一是以中山大学罗香林教授为代表"疍族原即越族遗裔"说，[3] 在学术界有不少支持者，

---

1 （唐）魏徵等撰：《隋书》卷八十二，《南蛮传》。

2 张寿祺：《疍家人》，（香港）中华书局，1991年，第64页。

3 罗香林：《唐代疍族考·上篇》，见中山大学《文史学研究所月刊》2卷，第3、4期合刊。

且影响较深。二是西方某些学者主张，疍民的远祖是从中南半岛或印度尼西亚的海上进入中国南方和东南沿海各水系的一个大群体。[1] 此说在西方学术界较为流行。三是民族学家徐松石教授为代表，他在 20 世纪 30 年代末所著《粤江流域人民史》中提出："疍实僚僮中水上人的通称，今两粤（实为两广）仍有称疍人为水上人或水户者。"[2] 到 20 世纪 40 年代中期，徐氏在其另一著作《傣族僮族粤族考》中又认为："疍字乃蛇字声音的异译……疍字音但……按而言之，疍族就是龙蛇族，亦即伏羲女娲的一大支派。"[3] 此外，还有疍民来源于瑶族或在陆地上为狙（侗族一支），在水为疍等说法，都不足信。

先秦时，疍民先人已活跃于江海之间。秦始皇平定岭南，许多越人亡命江海，栖居于水滨或海岛，扩大了疍民的分布范围。汉初赵佗割据岭南，立南越国，部分秦人不服，逃亡海上，混入疍民中。汉武帝元鼎元年（前 116 年）征南越，宰相吕嘉属下数百人逃亡入海，增加了疍民数量。东晋末年，浙江农民起义军卢循率部到达番禺后失败，退到交趾（今越南）、合浦之间，部分人留在珠江口，以捕鱼为生，自称为卢亭。此说长期流行，曾为疍民来源之一说。南宋末，宋元军队大战于新会银洲湖，宋相陆秀夫负宋帝赵昺投水殉国，部分宋军散入海岛，后加入疍民群体。清初，清军屠广州城，南明军队"大小船只千艘，一时奔窜出海"，[4] 这些流散兵员或成为泛舟海上之民。这样一来，疍民是来源很广泛的族群，多飘浮于港湾或河涌，也有居于岸边"干栏"建筑之中。宋乐史《太平寰宇记·岭南道·广州·新会》记"疍户，县所管，生于江河，居于舟船，随潮往来，捕鱼为业"。到清初顾炎武《天下郡国利病书》"广东条"云："疍户者，以舟楫为宅，捕鱼为业，或编篷濒水而居，谓之

1　张寿祺：《疍家人》，（香港）中华书局，1991 年，第 26—27 页。

2　徐松石：《粤江流域人民史》，中华书局，1939 年，第 152 页。

3　徐松石：《傣族僮族粤族考》，中华书局，1946 年，第 193 页。

4　《平南王尚可喜等题副》。转见张寿祺：《疍家人》，（香港）中华书局，1991 年，第 40 页。

水栏。"[1] 这些记载说明，疍民既是江河族群，也是海洋族群，世世代代过着"以海为田"生活，是海洋文化的一个主要载体。

2. 疍民的地理分布

在历史上，疍民广泛分布在我国南方，但以粤、闽、琼、桂为主，只要是江河滨海、岛屿水域，就有他们的踪迹。广东是疍民分布最广的省，北宋陈师道在《后山丛谈》曰："二广居山谷间，不隶州县，谓之瑶人；舟居谓之蜑（疍）人；岛居谓之黎人。"[2] 疍民与瑶、黎同列为三大族群，凡广东水域所在之处，都是疍民的分布地区。明代田汝成《炎徼纪闻·卷四》"蛮夷"条指出广东疍民靠水滨而居，以船为家或住岸边"干栏"，以钓鱼为业。清代史籍记录疍民分布的资料最多，《古今图书集成·潮州府部》说"潮州蛋人有五姓……岭东河海在在有之"。[3] 珠江口的众多岛屿是疍民渊薮。1843 年香港首次人口调查，全香港岛共 3 650 人，其中 2 000 人为艇上疍民，占总数的一半以上。[4] 在深圳、中山、港澳、珠海、台山等地，至今仍有疍家塾、疍家井等古建筑，以及疍家湾、疍家山、疍家圩等地名，说明珠江口一带是疍民长期聚集之地。

粤西一带，主要是咸水疍分布区，以阳江海陵岛，电白博贺，湛江东海岛、硇洲岛、北部湾合浦地区至为集中。宋代秦观被贬雷州，在《海康即事》诗中说：

合浦古珠池，一熟胎如山。

试问池边疍，云今累年闲。[5]

到明末清初，屈大均仍说廉州"海上余珠市，城中尽竹房。居临鲛

1 （明）顾炎武：《天下郡国利病书》卷一〇四，《广东八》。

2 （北宋）陈师道：《后山丛谈》卷四。

3 （清）陈梦雷等编纂：《古今图书集成》卷一三四二。

4 张寿祺：《疍家人》，（香港）中华书局，1991年，第16页。

5 （北宋）秦观：《淮海集》卷六。

室近，望入象林长……城西江水贯，妇女卖鱼桥。珠母生明月，鲛人出紫绡。海光千里接，霞气五黄（山名）标"。[1]一派疍民采珠水居的景观。

在海南岛沿海也有不少"咸水疍"，包括海口港、文昌铺前港、清澜港、琼海、陵水、三亚等地，均有操粤方言的疍民，自云来自广东顺德、番禺、阳江等地。

南海沿岸的粤桂琼三省区有多少疍民？各家说法不一。20 世纪 40 年代，岭南大学陈序经教授在《疍民的研究》一书中估计，珠江流域及广东沿海疍民不少于 100 万。据 20 世纪 50 年代初调查，广东疍民约有 90 万人，集中分布在，一为广东沿海一带；二为珠江三角洲沙田区；三为内河各支流。沿海渔业疍民约为 15 万人，珠江三角洲沙田区疍民约 40 万人，内河疍民约 15 万人。珠江三角洲沙田区疍民主要从事农业，无论是"以海为田"的沿海疍民，还是耕耘沙田的三角洲疍民，都以海洋或滩涂为主要劳动对象，从事创造海洋文化的活动，并形成他们的海洋社会。从这个意义上说，这些疍民即为南海海洋文化的一个巨大载体。广州历史上是一个海河港，因而也是疍民聚集之地。鸦片战争前西方传教士雅裨理曾根据一项关于广州的统计指出："单单广州附近，每年承担赋税的船上住家的数目共计 5 万，而广州和黄埔之间的大船估计有八万艘。"[2] 1937 年广州市公安局人口调查，全市疍家占当时广州人口 10% 左右，约 11.2 万人。中华人民共和国成立后，很多疍民上岸谋生，据 1987 年 4 月 19 日《广州日报》报道，广州地区水上居民有 3 182 户，共 1.5 万人。他们主要从事摆渡、捕鱼、运输、餐饮、旅业、娱乐业等。1946 年统计，广州全市有疍艇 30 多种，约 3 万艘，[3] 可见这个珠江水上族群对广州城市社会和经济产生巨大影响。

1　（清）屈大均：《翁山诗外》卷七。

2　David Abeel，Journal of a Residence in China and Neighbouring Countries from 1830—1833，London:1835,P47.

3　黄新美编著：《珠江口水上居民（疍家）的研究》，中山大学出版社，1990年，第90页。

（二）疍民以海为田的海洋农业文化

1. 水产捕捞

南海疍民，无论从事海水捕捞、采珠贝，还是从事沙田耕作，都属"以海为田"的海洋农业文化范畴，这也是疍民文化主要物质形态之体现，其活动范围以近岸海洋、港湾、河口区以及河海滩涂等为主，也集中表现了这个水上族群主要海洋文化的特质和风格。

较早记载疍民在江海环境下从事水上作业的当首推南宋诗人杨万里《疍户》诗云：

> 天公分付水生涯，从小教他蹈浪花。
>
> 煮蟹当粮那识米，缉蕉为布不须纱。
>
> 夜来春涨吞沙嘴，急遣儿童劚（zhú）获芽。
>
> 自笑平生行老路，银山堆里正浮家。[1]

疍民穿着芭蕉麻织成的衣裳，在水中从事捕鱼作业，连小孩也不例外。南宋王象之《舆地纪胜·琼州·景物》条云："疍户，以船为生，居无室庐，专以捕鱼自赡。"清屈大均在《广东新语·舟语·疍家艇》云："蛋人善没水，每持刀枻水与巨鱼斗；见大鱼在岩穴中，或与之嬉戏，抚摩鳞鬣，俟大鱼口张，以长绳系钩，钩两腮，牵之而出；或数十人张罛，则数人下水，诱引大鱼入罛，罛举，人随之而上。"按这段文字，大鱼应为珊瑚礁鱼类，疍民不仅在近岸，而且在海中岛礁中作业。入清以后，大量地方志记载疍民在海洋和河口渔业状况。乾隆《南海县志》曰："疍户以捕鱼为生，水道最熟。"[2]光绪《崖州志》云："疍民，

1　（南宋）杨万里：《诚斋集》卷十六。

2　乾隆《南海县志》卷六，《杂课》。

世居大蛋港、保平港、望楼港濒海诸处。男女罕事农桑，惟缉麻为网罟，以渔为生。子孙世守其业，税办渔课。间亦有置产耕种者。"[1]民国《儋县志·地舆志·习俗》亦有类似记载。据有关研究，明末已有部分疍民使用大型木壳渔船，进行深海作业并将绝大部分收获推向市场，"可以看出十七世纪前期，珠江水上居民，有些已经走向规模生产的道路"。[2]只是由于清初社会动乱，特别是"迁海"影响，疍民渔业始终保持"疍家艇"形式，未能走向近代化。直到19世纪后期，香港才出现机动渔轮，载着疍民驶向南海腹地捕鱼。而渔业较为发达的汕尾、阳江仍使用风力渔船。1980年，香港渔船达5 400艘，大部分为新式渔船。1984年，香港渔民有2万多人，其捕捞能力大为增强，甚至到北部湾、东海一带作业，渔获量上升，大部分供应香港及其他市场。而广东江河疍民，由于河水污染严重，捕捞业不景，有一些人转为水上运输，有一些人上岸就业。珠江口疍民捕捞范围东延至汕尾，西南抵北部湾，汕尾疍民甚至到靠近菲律宾的中国南海传统疆域内作业。20世纪70年代以后，广东沿海机动渔轮装备了对讲机、雷达、方位仪、测深仪、鱼群观测器、冷库等现代化设施，捕鱼业才向深海方向发展，推动海洋农业文化迈上现代化台阶。

疍民"以海为田"另一个行业是采蚝业，这在岭南有悠久历史。屈大均在《广东新语·介语·蚝》有《打蚝歌》曰：

> 一岁蚝田两种蚝，蚝田片片在波涛。
> 蚝生每每因阳火，相迭成山十丈高。

又曰：

1　（清）钟元棣修，张嶲（同隽）、刑定纶等纂：光绪《崖州志》卷一，《舆地志·风俗》。

2　张寿祺：《疍家人》，（香港）中华书局，1991年，第77页。

冬月首珠蚝更多，渔姑争唱打蚝歌。

纷纷龙穴洲边去，半湿云鬟在白波。

按蚝生于海滨滩涂，上述的龙穴洲在珠江口虎门附近，今已废，但在清代称盛一时。实际上，南海沿岸采蚝地方甚多，从汕头、汕尾，经珠江口下台山、阳江，直到雷州半岛等滩涂发育之处，皆不乏疍民采蚝足迹。道光《广东通志》引《咸宾录》曰："（疍人）有三种，入海取鱼者名鱼疍，取蚝者名蚝疍，取材者名木疍，各相统率。鱼疍、蚝疍入水二、三日，亦谓之龙户。"[1] 可见，采蚝历史很古老，是开发利用滩涂的最好方式。现在，人工养蚝已很发达，分布遍及滩涂分布海岸，但仍以汕头、汕尾、珠海、深圳、阳江、雷州、廉江产的蚝出名。

捕蟹业见于咸淡水交界滩涂，尤以膏蟹最负盛名，自古以来就是疍民捕捞的主要对象。宋人黄庭坚《咏蟹诗》曰：

怒目横行与虎争，寒沙奔火祸胎成。

虽为天上三辰次，未免人间五鼎烹。

话明了蟹的命运。屈大均也有两首以蟹为题诗。其一曰：

蟹逐咸头上，渔人网不稀。

未衔禾穗罢，又食稻孙肥。

买去菱塘海，烹来荔子矶。

就中膏满者，持半奉慈闱。

其二曰：

今年咸上早，膏蟹满江波。

价比鱼虾贱，餐如口腹何。

方肥频作蜕，未熟已衔禾。

螯跪分儿女，无令暴弃多。[1]

诗中提及其时的蟹价比鱼虾贱，与现代正好相反。其实，捕鱼疍民也同样捕蟹，且专业性捕蟹户也不少，如珠江口虎门、横门、磨刀门、崖门，以及汕头、汕尾，阳江北津港等地滩涂常年活跃着这样的疍民队伍，所捕螃蟹就近供应市场，且市价不菲。但天然蟹已很少，人工养蟹成为市场蟹的主要货源，而饲养者多不是传统疍民，而是养殖户了。

此外，疍民也在江海交汇地段或沿海岸一带捕虾，包括白虾、龙虾等。通常是使用虾笼捕龙虾，在近海或河口用渔网捕白虾，就近贩卖。另外，他们还按季节捕捞毛虾，毛虾经发酵处理，能做成香喷喷的虾酱，为沿海一带特产。随着人工养虾业在沿海异军突起，传统捕虾已成为历史。

2. 摆渡

疍民以海为田使用的工具主要是渔船，俗称"疍家艇"。它的类型、形状和结构也同样反映出疍民生产生活与海洋环境、生产力发展水平相适应程度及其时代风貌。

疍家艇既是疍民的生产工具，也是生活场所。疍家艇结构特殊，没有舵，没有锚，以人力泛起双桨作为动力，吃水浅，在江河、海滨水面上轻巧地前进，再加上一支篙杆，离靠岸自如。作业时一人操桨，一人撒网，相互配合默契，很适于以家庭为单位的个体劳动，即传统的疍民。有人认为，疍家艇实为独木舟的原型和演变，而独木舟是古越人渡河，甚至渡海的工具。中华人民共和国成立前，海南黎族即保留这种工具。一些人类学家甚至以为史前南海周边一些民族以独木舟和南太平洋及东南亚民族往来，有段石锛和南岛语的遗存成了这种往来的凭证。疍家艇

---

1 （清）屈大均：《翁山诗外》卷九。

主要以杉木制成，拼缝填以桐油灰，漆上厚厚一层桐油，盖上蒲葵叶扎成雨篷，可自由开合移动，方便打鱼和水上起居。疍家艇虽小，但空间利用十分讲究，白天作业于斯，晚上睡觉于斯，各种生产工具、生活用具都放置在固定位置，没有空置之处，有些还在艇尾养鸡养鸭，人畜共处，可谓缩龙成寸，精细之至。

在广州、香港、澳门、江门、佛山等海河港城市，疍家艇主要功能不是捕鱼，而是摆渡、饮食和娱乐，所以类型甚多，造型别致，有些还很豪华，摇橹连樯，沿江岸海边一线摆开，成为城市一景。如广州珠江上过去就有30多种不同用途的疍家艇，运客过河或供住宿的有四柱大厅艇、沙艇、横水渡艇、孖舲艇等；运输货物的有货艇、柴艇、西瓜艇、装泥艇、运煤艇、米艇等；运肥的有运粪艇、运尿艇、垃圾艇等；捕鱼网虾的有蚬艇、渔船、捕鱼艇等；供饮食、娱乐的有花艇（紫洞艇、花艇一种）；船体巨大、装饰豪华的称画舫，为少数富有的疍民经营，专供达官贵人、富商等饮宴、游玩使用。这是旧社会沿海、沿河一些城市的缩影。据陈序经教授1946年统计，在广州珠江河上疍家艇，以四柱大厅最多，有5 000艘以上，沙艇有2 500多艘，横水渡艇约有500～600艘，孖舲艇也有360～400艘。这种搭客的渡河艇，约占广州船艇总数的1/3强，[1]停泊于广州西濠口（今西濠二马路）、花地（今花地湾）、白鹤洞、颐培园（在今二沙岛上）、下渡（今下渡路）等处。在没有轮渡以前，珠江两岸水上交通主要靠疍家艇维持，疍民对广州城市的交通发展做出积极贡献。沿海疍民也从事海洋运输，其作用不亚于陆上居民从事的运输业。早在宋代，海南岛缺粮。苏东坡被贬儋州，见此情景，在《居儋录·记薯米》中云："今岁米皆不熟，民未至艰食者，以客舶方至而有米也。"[2]这些米来自海北，原由北军，即雷、化、高、

1　转见黄新美：《珠江口水上居民（疍家）的研究》，中山大学出版社，1990年，第91—92页。

2　（北宋）苏东坡：《苏东坡全集：苏东坡文集（六）》，珠海出版社，1996年，第1872页。

藤、容、白诸州兵运输，但他们不识水性，"率多沉溺，咸苦之"。北宋至道年间（995—997 年），广南西路转运使陈尧叟规定，将雷、化、高、太平四州之米粮送到琼州海峡北岸递角场，"令琼州遣疍兵，具舟自取"。[1] 这支由疍民组成的海上运输队出现在琼州海峡上。北宋已有"疍兵"之说。海南设"澄海军"，巡逻海洋。元设"白沙水军"，疍兵是一个重要组成部分。

历史上疍民长期受陆上豪绅、地痞等邪恶势力欺负，不能上岸居住，也不准拥有土地，所以他们"以海为田"只能限于水产捕捞和运输等，其海洋农业文化并不完整。清雍正七年（1729 年）清政府正式颁布《恩恤广东疍户》令，准予广东各地疍民移居陆地，并准其务农耕种，同时通告全省豪绅、地主及其他地方势力，不得欺凌、驱逐疍民。[2] 这样疍民可以开发滨海滩涂，转变为农民，耕海文化增加了新的内容。

3. 耕作

实际上，早在东汉时期，珠江河上的一些疍民已有既捕鱼又耕沙田之举。[3] 广东各大江河包括珠江、韩江、鉴江、漠阳江等出海处，沉积作用旺盛，形成了大小不等的河口三角洲，有大片滩涂可供耕种，疍民是一支不可忽视的力量。疍民对这些滩涂的开发耕种，包括筑堤围垦造田等，这主要发生在珠江三角洲、惠州、潮州滨海地区。广州海珠区的"宜利围""客村大围"（今客村），市区的"螺（罗）涌围"，荔湾区的"联合围"（位于冲口街道）等就是历史上由疍民为主力围成的。入清以后，珠江三角洲沙田大面积出露，疍民参与围垦。珠江口虎门附近的沙坦渐露成沙田，中华人民共和国成立后围垦成著名的珠江农场，这其中也有疍民的功劳。潮州、惠州滨海滩涂多被垦成围田，堤以石砌，较为坚固，可抵御海浪，围内主要种植甘蔗和水稻。

珠江三角洲很多沙田，除了种植水稻、甘蔗，还用于种慈姑、莲藕。

1　（清）光绪《琼州府志》卷三十三，《名宦》"陈尧叟"条。

2　（清）舒懋官主修：嘉庆《新安县志》卷首，《典训》。

3　张寿祺：《疍家人》，（香港）中华书局，1991年，第109页。

这类作物特别需要施用大量人类尿，沙田靠近城镇配置最好不过。疍民中有一部分人经营粪艇、尿艇，长期受雇于沙田主人，将城市人粪尿运往这些水生作物区使用，也有为沙田主人挖莲藕，收慈姑的。广州西郊泮塘出产著名的"泮塘五秀"，内中即有这两种作物。沙田随潮水涨落，滋生大量鱼虾、贝类，很适宜养鸭，疍民成为养鸭专业户，还有专用于此的养鸭艇。有谚曰：人生有三苦：撑船、养鸭、磨豆腐。疍民即充当了其中两种角色，是最能吃苦的一个群体。此外，疍民还有受雇于人，从事珠江三角洲围田、沙田甘蔗、香蕉、木瓜等灌溉、施肥以及临时性的耕耘、收割、修补堤围等，最苦、最累、最脏的工作，疍民身上流露出他们刻苦耐劳、敢于与大自然抗争的海洋文化品格。

（三）疍民风俗文化

疍民世世代代生活在海河中，以捕鱼为生，不得与陆上居民结婚，与其生产生活方式和环境适应而成的风俗文化，与陆上居民风俗迥异，是一个独特风俗文化群落。

1. 突出水文化内涵的命名

疍民每时每刻都离不开水，水的自然属性和作为资源的开发利用最直观地出现在他们的身边，也深刻地存在于他们的意识中。这最突出的表现是疍民给后代命名，皆以水作为其内涵，很有江海地域特色。同治《番禺县志·风俗》说，疍民给女子命名多遵循"其女大者曰鱼姐，小曰蚬妹"。但这种以水产品命名习惯，在中华人民共和国成立后已不复见。[1]给男子命名多以"佬""水""陆""明""松""旺""兴"等为通名，寓意美好。"佬"常见于粤方言，一指男丁，二泛指一般成年人，如"收买佬""剃头佬""耕田佬""外江佬""广东佬"等，或按职业或按地域划分，是岭南很普遍的命名习惯。而疍民对小孩以"佬"字命名，

1　张寿祺：《疍家人》，（香港）中华书局，1991年，第115页。

则有祝愿寄望。疍民浮家泛宅，出没于片片江海之中，环境甚为恶劣，医疗条件特别差，小孩稍一罹疾，很容易夭折。若遇台风肆虐，小孩首当其冲，常有被狂风席卷下海、巨浪吞噬的危险。这些现象，促使疍民喜欢给小孩取名为"佬"，指望其平安长大，无灾无难，成为一个壮丁，故"佬"字命名也就不分老幼，几岁小孩也称陈佬、李佬、黄佬、周佬、莫佬、许佬等，这在陆上居民中是没有的。

疍民既与水为伴，以"水"为名字也十分普遍，并且表达出水越多越好的寄意倾向。这种名字有"水有""木水""水添"等。张寿祺教授于 20 世纪 80 年代在珠江口做人类学考察时，碰上很多个不同姓氏的疍民朋友，但名字多叫"水添"。隐喻着这些名字的主人，认为有水就有财，水能带来运气等。"水有""木水"等名字，也同样是一种取财、致富于水的心态。但这里的"木"字，却另有含义。因疍民所住岸边"干栏"屋以木为之，所用船只及各种生产生活用具多为木制。另"木"为"五行"之一，木能克"水"，以木取名，寓意能顺应水性，在水中上下自由浮动，消灾弭祸。

在粤方言中，"久"与"狗"同音。疍民很喜欢以"久"为名字，不仅取"长久"之意，而且更希望后代能像狗一样，茁壮成长，无灾无祸，有顽强的生命力、强大的生殖力。所以疍民小孩出生，家长即取狗名，曰××狗仔。不光是疍民如此，沿海和珠江三角洲居民亦欢喜以"狗"字命名其小孩。这其中还有一个深层文化根源，即岭南是古越人居地，古越人曾以狗为崇拜图腾。今环北部湾地区，还保持一个石狗文化圈。石狗塑像，仅在雷州半岛就不下十万尊。可见，狗有如此久远、崇高的地位，而疍民祖先也是古越人，狗文化传承至今，疍民命名是一个例证。至于"陆""明""松""旺""兴"等为名字，无非是取个好意头，寄托美好意望罢了。

疍民女性的命名也很讲究，并且同样富于水文化的特色。在珠江口和广东沿海一带，许多人以"水妹"为名，还有的以"虾妹""虾女""细虾"为名，其命名都离不开水生态环境或以此比喻为水中生物。后一种命名习惯，后来扩布至陆上居民，以"虾仔"为名字的小孩非常多。20
世纪 70 年代，作家华尘曾在《周末画报》上发表《乐叔和虾仔》连环
漫画，十分风行。为适应时代潮流，今已改为《乐叔·虾仔·奀妹》出
版发行，[1]拥有广大读者群体。这实为疍民文化影响陆上文化的生动事例。

2. 以江海地域作为维系群体意识的习惯

岭南陆上居民，聚族而居，一村一姓或数姓一村，依靠宗族关系维
系本姓血缘、族缘或地缘关系。相比之下，疍民却与此有很大不同。他
们虽然各有姓氏，但彼此之间并不称兄道弟，也不建立姓氏性群体组织，
没有祠堂，而是一个以活动地域概念来维系汇聚在一起而成为一个群体。
因为江海生态环境，辗转流离的活动方式，使疍民不可能像陆上农耕族
群那样固定在一个地方生产生活，形成稳定群体。在近岸海洋，在各水
口和河口，一小群一小群疍家艇浮动在水面上打鱼，概以平时汇聚在一
起的地区疍家艇为伴，形成彼此间地缘关系，继而成为一个较为稳定的
水上群体或曰"海洋社会"。比如来自顺德的曰顺德艇家，来自东莞的
曰东莞艇家，来自番禺的曰番禺艇家等。到了异地，这些疍民仍称自己
为原地居民，以示不忘原居地。据有关记载和考证，在宋元之际有一部
分疍民泛舟迁至海南三亚海岸聚居，至今仍称自己为顺德人。在东莞虎
门穿鼻洋洋面，有些疍民 20 世纪 50 年代来自东江之滨的东莞桥头镇，
他们把在新聚居地命名为"新桥"，以纪念旧地；又每逢两三年必定派
人回以往旧住地"桥头"探望相熟的居民。[2]又据 20 世纪 50 年代调查，
阳江沿海一带的咸水疍民是从珠江三角洲的内河和或珠江口迁移来的，
操广州话，并保存珠江三角洲的一些风俗习惯，受阳江当地的文化影响
较少，组成一个相对独立海上族群。粤东汕尾一带，包括海丰、陆丰、
惠州沿海，一部分讲粤方言的疍民，主要来自中山、湛江硇洲岛、阳江、
番禺、顺德、宝安（今深圳）、香港、澳门等，几乎全部住在钓鱼艇、

1　华尘编绘：《乐叔·虾仔·奀妹》，中国评论学术出版社，2007年。

2　张寿祺：《疍家人》，（香港）中华书局，1991年，第129页。

鲜艇和索罟船，极少与陆上居民混居，且大部分疍民自己聚居在一起。[1]
在出海作业方面，珠江口疍民的大渔船可开到东沙群岛海面，或开到汕
头外海面，并称潮汕地区的船民为"学佬"，而潮汕地区船民则称他们
为"广佬"，地域观念甚强，畛域清楚。这显示疍民是以地域观念来维
系群体，故语言、风俗基本保持原来状态，基本或很少会受新居地的影
响。但在近现代经济的影响下，大船逐渐代替小艇，作业海域也从近岸
浅海向深海转变，在茫茫大海中必须相互关照，捕捞到的鱼货必须投放
市场换取收入。新模式冲击传统地域观念，迫使疍民渔业生产日益走向
大规模化和商品化。

　　3. 笃信鬼神

　　越人本尚鬼，作为古越人后裔的疍民，也继承了这一传统。加之疍
民生活在风雨无常、变幻莫测的江河大海，备受各种自然灾害的经常性
侵袭，各种疾病，尤其是流行病也使他们生活惊恐之中。另外，疍民文
化程度普遍较低，缺乏必要的卫生常识，患病常得不到治疗，于是不得
不求助于神灵。由此疍民对鬼神的崇拜比陆上居民更笃、更勤，形成许
多独特的鬼神信仰风俗。

　　按神祇存在的空间形式，疍民鬼神崇拜可分若干种，构成一个多元
崇拜体系。

　　一是庙宇神崇拜。这些神祇通常有固定庙宇，一般宏伟壮观，香火
旺盛不仅是疍民，而且为社会各阶层信众崇拜，是全民性神祇，但主体
是海洋族群。这些神祇有天妃神、南海神（波罗庙神）、龙母神等。因
疍民生活在海洋环境中，所以对这些海神的崇拜至为虔诚。如深圳赤湾
有规模宏大的妈祖庙，疍民船艇经过这里必上岸。阳江北津港有天妃庙，
"据北津要害，而绾毂端州之口，海舶往来，皆备牲礼以祷焉"。[2]这
仅是对庙宇神崇拜一二例而已。

　　1　广东省民族研究所编：《广东疍民社会调查》，中山大学出版社，2001
年，第5、67页。

　　2　（清）屈大均：《翁山文钞》卷三，《阳江天妃庙碑》。

二是精灵崇拜。陆上居民多崇拜大树、巨石、各种奇异现象等，这些崇拜对象都被赋予超自然力量而得到崇拜。这种崇拜传播到疍民那里，成为他们神灵崇拜的一个主要对象。这包括以下几类神灵：

（1）海龙王。海龙王被奉为海神由来已久，据《山海经》载，四海都有龙王，南海龙王即南海之神为不廷胡余，"人面，珥两青蛇，践两赤蛇"。[1]民间传说海龙王住在海底龙宫里，拥有大批虾兵蟹将。海龙王发怒会掀起汹涌波涛，危及船舶和船员安全。疍民以捕捞水产品为业，捕捉的对象是海龙王部下，自然对海龙王充满恐惧而崇拜有加，以各种方式致祭。其祭海仪式是："或在船头供祭龙王，或在船尾的圣堂舱供祭菩萨，点起香烛，三敬酒，跪拜祈祷……望龙王和菩萨保佑，一汛中平安无事，获得丰收"。[2]疍民这一风俗与舟山群岛渔民一样。

（2）神位和祭拜仪式。疍艇虽小，但对其空间分割却很分明，神灵占了最神圣的位置，即船头或艇头。在疍民潜意识中，船艇这个部位是引导船艇航行的首要之处，又是他们出入、上落的必经场地，也是船艇在水中活动最先与神灵相遇所在。为此，疍民视船艇头为最神圣的空间而倾情祭拜。每年春节，疍民用红纸墨汁书写"船头兴旺"一类大字贴在船艇头上。而船中或干栏水棚的神龛里，也用红纸书写"神"字，作为震慑妖魔鬼怪的符箓。另外，也有一些地方在船或水棚上供奉历代祖先、南海观音菩萨、天后娘娘等的牌位，求得这些神灵的保佑。

疍民岁时节庆，以春节至为隆重。疍民认为神灵于春节期间降临在离地不高的天上，须置酒肉于船艇头上拜天，迎接诸神莅临。春节过后，鱼汛到来，疍民开海，要举行隆重祭拜仪式，以活雄鸡和熟猪肉为祭品。男船主跪在船头，叩头、拱手祝福，并将雄鸡血滴在船头和两旁，并燃放鞭炮，烧纸钱，向河海洒酒，然后开船入海。农历五月初五，他们也

1　陈富元译注：《山海经》，青海人民出版社，2004年，第177页。

2　金涛：《独特的海上渔民生产习俗——舟山渔民风俗调查》。转见王荣国：《海洋神灵：中国海神信仰与社会经济》，江西高校出版社，2003年，第99—100页。

以同样形式祭拜水里的龙；农历七月十四为鬼节，疍民选择沙滩或滩涂，焚香燃烛，烧纸钱，祭拜。

居住在水棚里的疍民，为求得心理上的平衡和安宁，每逢节庆日傍晚，在水棚底下燃香点烛，祭拜棚底淤泥。若船主有人欠安，则请男巫或女巫前来作法，驱除鬼怪。若无效果，则拆棚他迁，直到心神宁静为止。疍民祭神，一般以鸡、猪肉、水果、瓜菜、蛋类、酒等为祭品，决不用鱼或其他水产品来祭拜鬼神。疍民认为，以鱼或其他水产品祭拜鬼神，无异于将水神和水中精灵的子孙烹煮给神鬼享用，这会触怒水神、水鬼、水怪。这种风俗实际上是疍民依赖江海、资仰于江海的反映，有深刻的文化与环境感应。

4. 亲水生活习俗

亲水是疍民生活的最大环境，与此相适应，疍民衣、食、婚嫁、丧葬、禁忌等都以水为中心展开，比陆上居民更鲜明地呈现水居群落的文化个性。

（1）服饰

疍民虽与沿海居民在服饰上有颇多共同之处，但仍有很多区别。历史上，疍民流行以蕉麻织成的布料为衣，到近代始代之以洋布作衣裳。过去妇女通常穿蓝、青黑色衣裤，上衣作大襟式，镶以深色大边，与陆上妇女有明显不同。冬天妇女喜欢包一条黑色头巾，阳江沿海疍民称之为"包头布"。其式样很特别，前面边缘用一块硬物衬托，称为"头布拱"。包头布上绣有狗牙式花纹，其他地方的沿海疍民又称"包头布"为"手巾"，沙田区农业疍民则称之为"搏头布"。在粤东汕尾一带，这种包头巾绣的是红色狗牙边，而湛江硇洲岛的则喜用深红色或黄色多花纹头布，地区差别颇大。不管怎样，"包头布"几乎成为疍民妇女一个特有的标志。另外，疍民用来背小孩的背带，上面绣有花纹或用碎布缝制成的图案，背带上端又附上一块"盖头布"，这是陆上居民所没有的。汕尾一带的疍民妇女，过去穿两色衣，称为"扎衣"。衣上结银质或铜质纽扣，无领，在领圈上捆着五色线。上衣阔，长可及膝，裤则较短。疍民自己也说不清两色衣的来历，有说是祖上世代相沿下来习俗，也有说是经济困难，可节省布料，还有说是美观。[1]笔者以为，从古越人喜穿无领"贯头衣"看来，世代相传是比较可信的说法。中华人民共和国成立初，疍民曾被动员改装，不穿两色衣，但未果。原来疍民认为这是他们固有的服饰，不愿改变。

疍民妇女无论老幼都喜戴耳环，通常未婚女子戴长耳牌，用小链垂挂在耳圈上，婚后才换上一块玉坠，而陆上居民只有老年妇女才把玉坠加在耳环上。在汕尾，已婚的耳钩长可2寸（约6.6厘米），重约1两（50克）。此饰物类似古代海南岛上"儋耳国"居民的大耳环，像鸡肠一样，走路回来摆动。疍民妇女普遍梳髻，但各地髻形式有差别，阳江一带的未婚少女都梳髻，如果梳辫而不梳髻，会视为不正经女人，受到非议。在汕尾至澳头一带，梳的是"后船髻"（或称"汕尾髻"），配插一枝银质"篦牌"。"汕尾髻"形大而多饰物，有的人佩戴3斤（1.5千克）重的银饰物，手镯银鈪，脚戴银圈，左、右手5个手指戴满10个大小不一的戒指，似显得很富有。银耐盐，抗腐蚀，适应海洋生活环境，故疍民崇尚银饰绝非偶然。又梳髻也是古越人风俗，连南越王赵佗都效法。从这个意义上说，疍民为古越人后裔不无道理。

疍民男子虽与陆上居民一样，过去都穿普通唐装，但疍民上衣多不扣钮，敞开前胸走路。且男子不管在船上或者陆上，上身打赤膊，下身穿短裤，俗称"牛头裤笠"，便于水上作业，弄湿了很容易干，深受疍民喜爱。

（2）食俗

谚曰"靠山吃山，靠海吃海"，疍民的食俗正是"吃海"的一个范例。南海疍民秉承古越人嗜食水产习惯，虽然主粮是稻米，但副食几无不取之于海洋，以水产为之，绝少蔬菜。南宋杨万里为官岭南所写《疍户》

---

1 广东省民族研究所编：《广东疍民社会调查》，中山大学出版社，2001年，第87页。

诗说，疍民"煮蟹当粮那（哪）识米"，[1]恰是这种食俗的写照。不过在旧社会，疍民地位低下，打捞到的上等鱼虾，要全部卖给陆上居民，以换取钱财，缴纳各项费用。他们将劣质水产以及卖剩鱼虾腌制或晒干，贮备起来作为副食。清初，顾炎武曾提到广东疍民"不事耕织，唯捕鱼、装载以供食"。[2]

南海滩涂多红树林，生长在红树林里的白桪果树的果子可以食用，成为疍民或沿海居民在青黄不接时充饥的食物。白桪果富含单宁，咬到嘴唇发麻，苦涩，久之牙齿变成黑褐色，洗不掉。有曰："海边妹，牙齿黑，嘴唇黄，人人都像吃槟榔。"这种红树林果即便是久煮，也仍然很苦，但用海水浸泡却可以去苦。此外，海岸带上一些藻类也可食用。过去阳江沿海一些半渔半农村落居民，饥荒时采这些藻类和以杂粮煎成饼充饥。

疍民生活在波涛中，祈求平稳、安全。这种心态也表现饮食习俗上。如吃饭时，鱼要平平地放在碟上，吃了表层的鱼肉，再继续吃下层的，但绝不能求方便，把鱼翻转过来吃。这样意味着覆舟的预兆，会惹主人不快甚至责骂。吃饭用的汤匙也要摆得平平正正，用过后也要平平正正放回原位。如果将汤匙翻转，同样意味着覆舟的危险，用餐者将被责怪。

疍民出入水中，易受寒，酒是他们不可或缺的一种饮料，除了舒松筋骨，还在于驱寒。另外，在水中劳动，体能消耗很大，亟须补充热量，所以南海周边居民，无论陆上或水上的都嗜糖，无论冬夏都有煲糖水的习惯，疍民尤甚。

疍民还有喝生水的习惯，顺手从水面上舀水来饮。这一是因船艇上缺乏燃料，二是贪图方便。但历史上疍民大小便都直接排进水中，水体受到污染，痢疾、霍乱病由此流行。20世纪三四十年代，广州珠江疍民中即发生过这些流行病，有些疍民甚至全家死绝，无人收尸，一时成为社会新闻。中华人民共和国成立后，疍民的生活条件不断改善，喝生

1　（南宋）杨万里：《诚斋集》卷十六。

2　（明）顾炎武：《天下郡国利病书》卷一〇四，广东八。

水的人渐渐减少了。

（3）乐俗

疍民是个开朗、乐天的族群。悠悠珠江、滚滚南海到处可闻他们动听的"咸水歌"，即疍歌。屈大均《广东新语·诗语》说："疍人亦喜唱歌。婚夕两舟相合，男歌胜则牵女衣过舟也。"[1]可知疍歌在明末清初已相当流行。清初王士禛《广州竹枝》曰："潮来濠畔接江波，鱼藻门边净绮罗。两岸画栏红照水，疍船争唱木鱼歌。"[2]说明疍民是个善歌的族群，流行多种歌谣。1927年民俗学家钟敬文先生编纂《疍歌》一书，收录疍歌52首，记载疍民浮家生活的风俗。如一首咏广州珠江南岸金花庙的竹枝词，即为疍民异于陆上居民生育观的写照：

> 疍户生涯托水涯，但求生女莫生儿。
> 河南有个金花庙，庙侧桃花子满枝。[3]

疍歌作为疍民一种最普遍的娱乐形式，题材包括疍民的劳动、婚嫁、举行各种仪式等，疍民可用歌声来表达与抒发他们的感情。清陈昙《疍家墩》诗云：

> 龙户卢余是种人，水云深处且藏身。
> 盆花盆草风流甚，竞唱渔歌好缔亲。[4]

1　（清）屈大均著、李育中等注：《广东新语注》，广东人民出版社，1991年，第320页。

2　雷梦水、潘超、孙忠铨等编：《中华竹枝词》，北京古籍出版社，1997年，第2738页。

3　龚伯洪编选：《广州古今竹枝词精选》，广东人民出版社，2017年，第54页。

4　叶春生：《岭南俗文学简史》，广东高等教育出版社，1996年，第152页。

张半草《羊城竹枝词》记录了疍民对唱表达的爱情:

> 渔家灯上唱渔歌,一带沙矶绕内河。
> 阿妹近兴咸水调,声声押尾有兄哥。[1]

疍歌形式独特,每句末尾都有助词"啰""哩"之类,声调柔长,如屈大均在《广东新语·诗语》云:"歌则清婉嘹亮,纡徐有情,听者亦多感动。"疍歌的内容和形式都很直率,少用山歌的比喻和双关等手法,这也许是作为古越人后裔的疍民保存较多的古风遗族的一种表现。如咸水歌《日落西山是黄昏》曰:

> 日落西山是黄昏,啰,点起孤灯照孤房,啰。
> 日来想兄勿得暗,啰,冥来想兄到天光,啰。[2]

也是十分感人。历史上有"疍民儿孙不知书"之风气,故疍歌作为口头文学的一种形式,在疍民中世代相传,是他们的精神家园,也是一笔宝贵的海洋文化财富。这笔财富,遍及南海沿边各港湾。如流行于海陆丰、汕尾、惠东,海南岛一带的民歌称为渔歌,反映内容十分广泛,涉及社会生活各个方面。如海南一首《复仇歌》,充满了愤愤不平的渔民呼声:

> 乌鸦叫叫日头红,只见海水翻黑浪。
> 渔霸逼死俺爹娘,害我孤寒汪洋。
> 吧唻啦——

---

1 雷梦水、潘超、孙忠铨等编:《中华竹枝词》,北京古籍出版社,1997年,第2996页。

2 叶春生:《岭南俗文学简史》,广东高等教育出版社, 1996年,第153页。

恨只恨，恨那霸头黑心肝。[1]

疍民江行海宿，到处漂泊，风里生，浪里长，"出海三分命，水岸低头行"，流行于汕尾地区的一首《渔工泪》，真实地反映了中华人民共和国成立前渔民生活的艰辛和苦难，对渔霸、财主等的恶行进行了鞭辟入里的控诉：

> 正月桃花江，想起前情泪汪汪；
> 天下穷人都有苦，无人苦过俺渔工。
> 二月二月寒，世上渔工最艰难；
> 一日三餐无顿饱，一夜五更身湿通。
> 三月是清明，细雨纷纷泪零零；
> 祖上世代受压迫，渔霸欺俺太无情。
> ……
> 九月小乌阴，天下恶霸同条心，
> 横行霸道唔讲理，双手伸出血淋。
> 十月掠鱼冬，大鱼小鱼淹仓房；
> 财主腰包笒笒滴，劳苦渔工米瓮空。
> 十一月冬节边，家家厝厝嚷做丸；
> 财主做丸罐罐满，渔工所食臭酸丸。
> 十二月近年边，拿起算盘算工钱；
> 算了三夜连四日，财主讲俺倒欠伊。[2]

还有一类是船歌，为疍民的劳动歌，是拉网、捕捞、打桩时的对唱。

1　叶春生：《岭南俗文学简史》，广东高等教育出版社，1996年，第159页。

2　刘志文主编：《广东民俗大观（下卷）》，广东旅游出版社，1993年，第167—168页。

如海南岛一首《追鱼调》曰：

> 渔工们哎，流水好，
>
> 快放网哎，捕红鱼！
>
> 哟嗳，嗳哩口美，
>
> 升旗满桅快回港哩嗳！

其节奏感甚强，充满力量，塑造了渔民在大海上辛勤劳作的粗犷形象，令人起敬。

渔歌格调繁多，风格各异，如临高的"哩哩口美调"，悠扬舒缓；文昌的"吔唻调"，铿锵有力；崖州的"口么哩调"，自由活泼。[1]香港大澳渔民也用咸歌（又称之为叹，可分为自叹和对叹）来抒发感情。无论男女都如此，不过男性活动范围比女性要广，抒发情感的方式也比女性多样化。水上人家的妇女生活空间受限，唱咸歌成为她们抒发情感的一个主要方式。如卢好《叹穷歌之一》叹海洋生活的艰辛：

> 半边砂盆擂烂米唉！半边镬仔又煮浆糊唉！
>
> 酒杯载油穷到极唉！纱朧做裙又被人睇到尽唉！
>
> 你亚婶唔知何时何日睇番人唉！
>
> 萝卜批皮做得眼镜唉！被人睇死，被人批靓唉！[2]

在珠江三角洲中山坦洲一带，咸歌更多地用于哭嫁，充满离情别绪，唱者伤心，闻者落泪，氛围十分悲切。例如：

叹爹妈：

1　叶春生：《岭南俗文学简史》，广东高等教育出版社，1996年，第162—163页。

2　陈瑛珣著、陈支平主编：《清代民间妇女生活史料的发掘与运用》，天津古籍出版社，2010年，第150—151、153页。

多谢我亲爹妈娘曹白咸鱼上白米，

我亲爹妈娘有情有义我唔舍得丢离。

叹家兄：

大家兄咿哎同妹买个大木笼（箱），

买番个大笼四脚包铜。

锁匙通，石住（小心）捅，

比过我妹唔会捅，捅溶捅烂枉兄钱财。

姐妹相叹：

红纸剪成一对蟹，

唔知何日同姐行埋（走到一起）。

红纸剪成一对凤，

唔知何日同妹相逢。[1]

这些疍歌披露了疍民的生活境遇和内心世界，抒发了他们的真实情感，通过有韵味的旋律和直抒胸臆的歌词表达出来，动人心魄，感人肺腑。

---

1 吴竞龙：《水上情歌：中山咸水歌》，广东教育出版社，2008年，第69—70页。

七、南海海洋文学艺术

海洋文学艺术是指借助于审美形象，塑造、表现海洋，反映人类涉海生产、生活的艺术作品。又因其表现手法不同，时空形态不一，海洋文学艺术通常分为海洋文学、舞蹈、音乐、绘画、雕塑、戏剧、电影电视等。海洋文学艺术作为海洋文化一个不可或缺的组成部分，是一笔非常宝贵的精神财富。哪里有海洋，哪里就有海洋文学艺术。千百年来，人们既敬畏，更歌颂、赞美海洋，留下丰富的文学艺术遗产，积淀成厚重的海洋文化层次。

南海作为我国四海之首，生活在其周边的人口最多，涉海生产、生活的海域最大，岸线最长，历史也很古老，无论是以海为田，还是以海为商，以及发生在这一片海域上一切悲欢离合的事件，人和自然的斗争，都可以以文学艺术形式表现出来，为人们所欣赏、鉴别、评论，发挥它们的审美、娱悦、教化，以及存史、资政等功能。南海海洋文学艺术也由此在我国海洋文学艺术史上占有重要地位，比雄于其他海区的海洋文学艺术而毫无逊色。

（一）以海洋活动为题材的图画和雕塑

1. 岩壁画

生活在南海周边的古越人，以抽象手法，把他们与海洋活动相关的社会、政治、军事、经济等雕刻在滨海岩壁画上，为后人留下非常珍贵的海洋文化遗产。目前我国发现岩壁画，大致可分为北方、西南和东南三个系统，其中"东南沿海地区的岩画，分布在江苏、福建、广东、台湾、香港、澳门等地，内容以抽象的图案为主，都采用凿刻的技法"。[1]据广州美术学院李公明先生研究，这些岩壁画主要被发现在香港、澳门、珠海等地，皆在珠江口地区，这与古南越人在这一带海上活动密切相关。

1　陈兆复：《中国岩画发现史》。转见李公明：《广东美术史》，广东人民出版社，1993年，第53页。

香港岩壁画出现在史前时期，主要艺术遗存分布在东龙岛、石壁、蒲台、大浪湾、长洲、大庙湾、滘西洲等处，多在海边、背向外海的小海湾里。其内容充满了神秘色彩，令人费解，但比较一致的看法是属于青铜器时代，具体内容并不一致。最大一处在东龙岛，道光《新安县志》有载："石壁画龙，在佛堂门，有龙形刻于石侧。"有学者认为，从东龙岛岩壁画图案上多有卷曲线条和类似眼睛、须、爪等局部造型中，可以判断是"龙形的观点"。而大浪湾岩刻图案，则可能是持有器物的裸男形象。长洲岩刻画一端有"蛇头形曲线"，反映增加人口愿望。这些距今4000—3200年左右的岩壁画，显示水居南越人已登上海岛，从事各种海事活动。

澳门岩壁画1982年被发现于澳门寇娄岛的长栳湾山谷中，图案内容难以辨别，但其中有可能是带桅杆的船只。若此，联系到南越人善于航海的传统，不无道理。

珠海岩壁画位于南水镇高栏岛，1989年发现了四处，共六幅，在依山面海的山坡上。有人指出："岩刻中人物和船形最为突出。人物有用粗线条勾勒的大型全身男人像，举手上扬，似作舞蹈状，旁边有女人坐像。男女性特征都很清楚。另有一小型人物在波浪之中作嬉耍跳跃的样子。画面中最大的是船形，船身有华丽的装饰，周围有激荡着的波浪……作品表现的是一支在海上乘风破浪前进的船队。周围波涛汹涌，浪尖上跳跃着弄潮儿。至于画面上的裸体女性形象则与生殖崇拜有关。珠海高栏岛的岩刻，无论从它的规模宏大、内容丰富、艺术完整等方面来看，在我国东南沿海地区岩画中都上有突出的地位。"[1]高栏岛岩壁画备受各方面关注，见仁见智，但不管怎样，它作为南海地区古越人海上活动的艺术见证却是不争的事实。

南海发达的海上交通，需要很多海港作为始发港或补给站，近年考古出土文物造型或图案，也再现了岭南古代居民对海洋认识和开发利用

---

1 转见李公明：《广东美术史》，广东人民出版社，1993年，第57页。

的成就。1955年广州先烈路东汉后期墓出土船模型，有前、中、后三舱，尾部有望楼，后舱有厕所，两舷是撑篙走道。这种船既可航行于珠江，也适于内海。1957年在广州西村皇帝岗出土西汉木船模型，有五个木俑分作两排在船头，各持一木桨，一人掌舵，形成一个集体，推动木船前进，是一件形式独特、技法高超的海洋艺术珍品。1983年广州象岗上西汉南越王墓出土一件铜提筒中羽人船图像，考古工作者描述其上"共刻绘4只大船，船的前后有大海鱼、海龟、海鸟，每只舱内有人物6个，其中的5个均戴长羽冠，穿羽裙，动态大同小异。站在船头处1人，一手持弓，一手执箭，有的船此人或一手执钺，一手倒提着一个短发的人的首级。站在船尾处1人正在掌橹。船的中部有2人头戴长羽冠，在前的1个，面对建鼓而坐，用铜鼓为凳，身后插着一把短剑，一手持大槌作击鼓状，另一手扶着1个鼎状的器物，似为击之能发金声的器具，所谓金鼓齐鸣……另外，这4只大船的船头处都倒悬一具尸首"。[1]有人认为"从船上人物的活动及装备等情况来看，所描绘的似是一支大型作战船队在战争中斩杀了许多敌人，带回他们的首级，还抓到了生俘取得重大胜利之后正在凯旋"。[2]但也有人认为，"从主要人物的活动看，应是杀俘祭河（海）神图像"。[3]不管这里指的是战争说还是祭神说，这些羽人船图像都从不同侧面反映了南越国发达的海洋文化。

2. 雕塑和油画

唐代南海海上交通兴旺发达，"广州通海夷道"远航万里，广州成为中外商旅云集的世界性港市。佛教在唐代也一度极为兴盛，南海是高僧大德往来的主要通道，鉴真和尚东渡日本未成，流落海南三亚即为

---

1 《广州市文物志》编委会编著：《广州市文物志》，岭南美术出版社，1990年，第97页。

2 《广州市文物志》编委会编著：《广州市文物志》，岭南美术出版社，1990年，第98页。

3 广州市文物管理委员会、中国社会科学院考古研究所、广东省博物馆编辑：《西汉南越王墓》（上），文物出版社，1991年，第50页。

一例。广东出土唐代铜佛像也显示这种外来海洋文化进入东土的盛况。1984 年电白县霞洞田格村出土一件铜佛像、螺髻、倚坐，着冕服式袈裟，施无畏印，神态端庄、安详，笑意盈盈。造像手法圆润、流畅。有论者认为应为外地流入广东的作品，[1] 若此，当是海上丝绸之路遗物。1977 年在高州良德唐代墓葬中，出土一件铜女人头像。其头顶中间分向两边并带绺束的长发披掩至颈脖，发尾作螺旋卷曲状。整个发型梳理整齐，条理分明，左右对称，很有装饰美感，且脸颊隆润，鼻梁高而直通额际，鼻翼较宽，双眉弯曲，双眼圆突，单眼皮，颏厚唇薄。有人据此判断，此女人铜像可能是昆仑奴，或古波斯人。[2] 联系到从南朝起波斯人即与广东通商，高凉地区（今高州、阳江一带）是买卖黑奴地方之一，则这个珍贵的铜女人头像，见证了南海交通和贸易的古老历史。

宋代广东陶瓷业异军突起，阳江、佛山、雷州、潮州等地生产瓷器，畅销海外，其中有部分产品，是按海外货主要求定做的。2007 年 12 月 22 日出水的阳江"南海 I 号"南宋沉船，船中大批碗碟为西亚风格，很有可能是在中国某地制造，运回西亚地区，中途因某种缘故沉没。宋代潮州笔架山下有"百窑村"，瓷业异常兴旺。在潮州窑的瓷塑种类中，有不少西洋人头、西洋狗、狮子等图像。其中西洋人高鼻、卷发，为西方人种特征。西洋狗也脸短、身短、耳大，不同于中国高脚狗。同样形制的西洋狗也见于雷州石狗塑像中。显见，潮州、阳江、雷州作为海上丝绸之路港口，与东南亚、西亚商业往来相当频繁，才留下不少海洋文化吉光片羽。

明清长期实行海禁政策，但对广东却有例外，保持广州一口对外通商格局。而自明末开始西风东渐，西方雕塑、西洋画等不断经澳门进入内地。18 世纪末至 19 世纪初，在广东兴起中国画外销高潮。"外国商人来华者多，广州的画家看准时机，便在洋人聚居的十三行范围内，开

---

1 李公明：《广东美术史》，广东人民出版社，1993年，第281页。

2 李公明：《广东美术史》，广东人民出版社，1993年，第282—283页。

设画店，并雇请画工，大量绘制各类绘画。"[1] 还有一批欧洲画家也不远万里，来到广州、澳门、香港，描绘当地的风土人情，其作品也加入外销画之列，并对中国画家的绘画技巧和风格产生重要影响。这些外销画家约数十人，最著名的有英国人钱纳利（George Chinney，1774—1852年）、巴普蒂斯塔（M. A. Baptista，1826—1896年）、哈维尔（W. Havell，1782—1857年），法国人波塞尔（A. Borget，1808—1877年），德国人希尔德布兰特（E. Hildebrandt，1818—1869年），以及广东南海人关乔昌（即啉呱）等。在他们的外销画中，无数次描绘了广州、澳门、珠江两岸的景色。赖有其画，后人得以看到广州十三行街景、珠江河上风帆林立、澳门港内森如立竹的帆樯，折射出一幕又一幕南海海上丝绸之路的图景。

（二）航海游记和地图中的海洋文学艺术

古代假道南海出使海外的使节、求法僧人、旅行家、航海家、军事家、商人等，在他们的游记、笔录、杂志、小说以及绘制海图中，忠实地记载了海途中的见闻和各地的自然、人文风貌，回国后写成不同体裁的著作，既是科学，也是文学艺术遗产，大有其保存、开发利用价值。

1. 航海游记中的海洋文学艺术

先秦时期，中原人对南海已有一定的认识。成书于战国时的《山海经·大荒南经》中关于"大荒之中，有山名曰融天，海水南入焉。有人曰凿齿，羿杀之"记载。据人类学家研究，凿齿之民即古代南方少数民族，有拔牙凿齿表示成年的礼俗。《庄子》一书具有深厚的海洋文化意识，也不泛关于南海的记载，其《山木篇》记市南子对鲁侯说："南越有邑焉，名为建德之邦，其民愚而朴，少私而寡欲"；这个大海"望之而不见其

1　丁新豹：《晚清中国外销画》。转见李公明：《广东美术史》，广东人民出版社，1993年，第600页。

涯，愈往愈不知其所穷"，劝鲁侯"涉于江而浮而海"。南越即岭南越人，这时已吸引中原人来游，对这里风土城邑了解不少。古越人善于航海，古代南海称"涨海"，即来源于航海经历所产生的神话故事。谢承《后汉书》记载："汝南陈茂，尝为交趾别驾。旧刺史行部，不渡涨海。刺史周敞，涉海遇风，船欲覆没，茂拔剑呵骂神，风即止息。"[1] 不过，古代科学与文学往往交织在一起，到东汉杨孚《异物志》作为岭南最早的一部地方志，也记载了不少海洋科学材料。如记"涨海崎头，水浅多磁石"，此"崎头"指南海海岸岬角（突入海中陆地）地形。三国时，航海家康泰和朱应曾出使扶南（今柬埔寨）等国，在所著《扶南传》中指出："涨海中，到珊瑚洲，洲底有盘石，珊瑚生其上。"[2] 这种海上旅游所记与同时代万震《南洲异物志》中关于从马来半岛往南海航行所见相同——"东北行，极大崎头，出涨海，中浅而多磁石"。[3] 这是对南海诸岛旅游所见珊瑚礁地貌的记载。东晋义熙八年（412 年）高僧法显从印度回国，因碰上台风飘至山东青州，未能按计划在广州登陆，但记录了从印度、斯里兰卡到广州航程，其中从爪哇到广州航程约需 50 多天。法显所著的《佛国记》（又名《法显传》）成为研究南海交通和佛教东传重要著作。这时期一方面是从印度经南海传来佛教经典多涉及海洋，另一方面许多佛经、教义、僧人又被海洋化，如后世广受供奉的"南海观世音"婆菩成了海神，"海天佛国"也信者如云，暮鼓晨钟不绝，时时在唤醒众生。这对刺激海洋文学创作，丰富海洋文学宝库，作用匪浅。而《佛国记》本身就有很多关于海洋出色描写，法显归航经过印度洋，"大海弥漫无边，不识东西，唯望日月星宿而进……当夜阑时，但见大海相搏，晃然火色，鼋鳖，水性怪异之属。商人荒遽，不知那向。海深无底，又无下石住处。至天晴已，乃知东西，还复望正而进"。与佛教东传相关的海洋神话也应运而生，如传说中盘古神开天辟地，就涉及

1　（北宋）李昉：《太平御览》卷六十，引谢承《后汉书》。

2　（北宋）李昉：《太平御览》卷六十九，引康泰《扶南传》。

3　（三国东吴）万震：《南洲异物志》，（清）曾钊辑《岭南遗书》本。

南海。南梁任昉《述异记》说:"昔盘古氏之死也,头为四岳,目为日月,脂膏为江海,毛发为草木……今南海有盘古氏墓,亘三百余里,俗云后人追葬盘古之魂也。桂林有盘古氏庙,今人祝祀。南海中盘古国,今人皆以盘古为姓。"[1] 盘古神既涉海洋也深入大陆,为南方人崇拜,供奉它的庙宇甚多,其既是海神,也是山神,给人们留下了丰富的海陆文学创作素材。

南海盛产珍珠、珊瑚等奇珍宝物,以此为题材的文学艺术作品也不在少数。北部湾产珍珠,质量上乘,屡被官府搜刮珍,珠散佚他方。后一位清官来到,珍珠又回来,这就是世代相传的"合浦珠还"的故事。相传晋代王恺与石崇斗富,王恺拿过一枝长约 2 尺(约 66.7 厘米)的珊瑚来炫耀,却被石崇用一铁如意把它击碎,并当场取出一枝 3 尺(约100 厘米)多长的珊瑚赔偿,以显其富。这个故事被写进小说,流传至今。

唐宋时期,南海海洋交通和开发进入一个新阶段,过去以想象或神话传说为内容的海洋文学作品被以史实为主的作品所取代。一些文学家同时也是航海家或旅行家,有些人则是贬谪岭南而亲眼看见大海的苍茫、辽阔、浩瀚无比而大抒感慨。但最能反映唐代南海丝绸之路高度辉煌莫不过于《新唐书·地理志》,所录地理学家贾耽所述的"广州通海夷道",从广州起航直到波斯湾、红海、东非沿岸乃至欧洲,其中不乏各地风土人情,足可见旅游文学作品之一斑。如写"葛葛僧祇国,在佛逝西北之别岛,国人多躁暴,乘船者畏惮之"。按佛逝为今印尼之巨港,当地民风剽悍,航海者不敢靠近。又唐代有段成式《酉阳杂俎》也记南海外异国远民之事,特别提出"南海"区分出一个新概念"西南海",指的是北印度洋诸海,为宋元明各朝使用,显示游记文学引申出科学概念来。唐宋曾任广州司马的刘恂著有《岭表录异》,不少内容涉及南海海况和海洋生物,既有科学也有文学色彩。如说水母与虾的其生关系:"水母……

1　转见任维东:《伏羲文化渊源考辨》,甘肃文化出版社,2016年,第168—169页。

常有数十虾寄腹下，咂食其涎，浮泛水上，捕者或遇之，即欻然而没，乃是虾有所见耳。”[1]对于南海台风，该书记“南海秋夏间，或云物惨然，则其晕如虹，长六七尺。比候，则飓风必发，故为飓母”。[2]

唐代，中国旅行家也泛海到印度洋沿岸地区，记录当地山川风物、人文胜景，如杜环《经行记》云：“大食国四方辐辏，万货丰贱，锦绣珠玉，满于市肆。”[3]一派繁华。而阿拉伯旅行家苏莱曼笔下广州城——“云山百越路，市井十洲内”，[4]都是海上丝绸之路给广州带来经济繁荣。

宋代得益于指南针用于航海，海上活动频繁给旅游文学带来更丰富的素材和广阔的创作天地。这时产生了一批记载涉海风情、异域人文景观的作品，如赵汝适《诸蕃志》、周去非《岭外代答》、范成大《桂海虞衡志》、吴自牧《梦粱录》等。如《诸蕃志》所记海外诸国达58个，大部分在南海、印度洋周边，远至非洲、欧洲，虽为志书、亦不乏海洋文学成分。如说真腊国（今柬埔寨）“官民悉编竹覆茅为屋，惟国王镌石为室。有青石莲花池沼之胜，跨以金桥，三十余丈（100多米）。殿宇雄壮，侈丽特甚。王坐五香七宝床，施宝帐，以纹木为竿，象牙为壁”。又曰：“犯盗则有斩手、断足、烧火印胸之刑……以右手为净，左手为秽。取杂肉羹与饭相和，用右手掬而食之。”[5]只寥寥数语便将真腊建筑、法律、风俗和盘托出，给读者留下了深刻的海外文化意象。周去非《岭外代答》则专设《外国门》条，所涉地域与《诸蕃志》大体相同，尽记诸国官制、风土、物产，与中国关系等。如“阇婆国”（今苏门答腊），

1　（唐）刘恂：《岭表录异》卷下。

2　（唐）刘恂：《岭表录异》卷上。

3　李长傅等：《南洋史地与华侨华人研究：李长傅先生论文选集》，暨南大学出版社，2001年，第289页。

4　李长傅等：《南洋史地与华侨华人研究：李长傅先生论文选集》，暨南大学出版社，2001年，第290页。

5　（南宋）赵汝适著、杨博文校释：《诸蕃志校释》，中华书局，1996年，第18页。

"广州自十一月十二月发舶，顺风连昏旦，一月可到。国王撮髻脑后，人民剃头留短发，好以花样缦布缴身，以椰子并挞树酱为酒……国人尚气，好斗战，王及官豪有死者，左右承奉人皆愿随死，焚则跃入火中，弃骨于水，亦踏水溺死不悔"。[1] 其刚烈、节义的民风，跃然纸上。

元统一全国后，颇重视发展海上贸易，元至元十六年（1279年）多次派员访问东南亚、西亚等地。据陈大震《南海志》记载，与广州有往来的国家和地区多达140个。在陈大震笔下，展现出一幅盛况空前海上贸易带来的繁华画图："广（州）为番舶凑集之所，宝货丛聚，实为外府。岛夷诸国，不可名殚。前志所载者四十余。圣朝奄有四海，尽日月出入之地，无不奉珍效贡，稽颡称臣，故海人山兽之奇，龙珠犀贝之异，莫不充储于内府，畜玩于上林，其来者视昔有加焉。"[2] 元代还有两位航海家周达观及其《真腊风土记》，汪大渊及其《岛夷志略》，都满怀激情地志记海外见闻。如《真腊风土记》载："自入真蒲以来，率多平林丛木。长江巨港，绵亘数百里。古树修藤，森阴蒙翳。禽兽之声，杂遝其间。至半港而始见有旷田，绝无寸木，弥望芃芃，禾黍而已。野牛以千百成群，聚于其地。又有竹坡，亦绵亘数百里。其竹节间生刺，笋味至苦。四畔皆有高山。"而汪大渊"少负奇气……附海舶以浮海者数年然后归"。其在书中列"万里石塘"专条，描述整个南海诸岛地理格局。其曰："石塘之骨，由潮州而生。迤逦如长蛇，横亘海中，越海诸国，俗云万里石塘。"这个结论完全符合南海海盆地貌形态，得到后人充分肯定，而其形象活泼文字，将读者带入气象万千的海底世界。

明清随着海上丝绸之路形成全球大循环格局，南海洋面上风帆浪舸，渺茫出没，产生更多的游记文学作品，其中最负盛名的是以郑和七下西洋史实为根据写成的百回长篇小说《三宝太监下西洋记》。作者罗懋登，明万历年间人，字登之，号二南里人，里居不详。小说描述了郑和下西

1　（南宋）周去非：《岭外代答》卷二，《外国门（上）》，上海远东出版社，1996年，第43页。

2　（南宋）陈大震：《南海志》卷七，《物产》。

洋沿途经过国家和地区所发生的事件，展现当地社会、经济和风土人情。文字通俗浅白，在民间广泛流行，现有多种版本现于坊间。要了解南海海洋文化，这是一本不可或缺的读物。而辅助郑和一起出航的马欢著《瀛涯胜览》、费信著《星槎胜览》、巩珍《西洋番国志》都记录了这次远航许多材料和异闻传说，甚有文学价值。这可从《娄东刘家港天妃宫石刻通番事迹记》略见下西洋海上风波之险恶，不得不求助于海神。其石刻云："（郑）和等自永乐初奉使诸番今经七次，每统领官兵数万人，海船百余艘……抵于西域忽鲁谟斯等三十余国。涉沧溟十万余里。观夫鲸波接天，浩浩无涯，或烟雾之溟濛，或风浪之崔嵬。海洋之状，变态无时，而我之云帆高张，昼夜星驰，非仗神功，曷能康济。直有险阻，一称神号，感应如响，即有神灯烛于帆樯。灵光一临，则变险为夷，舟师恬然，咸保无虞。此神功之大概也。"[1] 此石刻既有历史的真实，更多的是铺陈海况的凶险、祈祷神明的虔诚和发自内心的对神明法力的慨叹。

明嘉靖年间，广东南海人黄衷著《海语》中有《畏途·万里长沙》条云："万里长沙在万里石塘东南……风沙猎猎，晴日望之如盛雪。舶误冲其际，即胶不可脱，必幸东南风劲，乃免陷溺。"现代业已探明，南沙群岛水下大部分为海底高原，海山海岭罗列，千沟万壑，非常复杂，向以航行险恶著称。上段描述，殊足令人生畏。

清初，《明史·外国传》修成，收录91个国家和地区，大部分在东南亚、印度洋、东非等地，记载这些国家的历史、地理、政治、经济、文化、物产等，反映对它们直接或间接了解的成果。其中有些国情介绍，一派异域风光和浓郁感情色彩。如记榜葛剌（今孟加拉国）："其国地大物博，城池街市，聚货通商，繁华类中国。四时气候如夏。土沃，一岁二稔，不待籽耘。俗淳古，有文字，男女勤于耕织。容体皆黑，间有白

1　（明）巩珍著、向达校注：《西洋番国志》，中华书局，1961年，第51页。

者。王及官民皆回回人，丧祭冠婚，悉用其礼。男子皆剃发，裹以白布。衣从颈贯下，用布围之。历不置闰。刑有笞杖徒流数等。官司上下，亦有行移。医卜、阴阳、百工、技艺悉如中国，盖皆前世所流入也。"[1]中国和榜葛剌源远流长的文化交流，确凿无疑。

明末清初，广东番禺人屈大均所著的《广东新语》，作为广东地方百科全书，其中不少内容是记述海洋生态、物产、神话、传说的，既有写实，也有想象，融科学与文学为一体，是海洋文学的一部重要读物。如《水语》设"涨海""海水""潮""广州潮""琼潮"诸条，介绍潮汐的由来、运动规律以及海与民生等，内中穿插不少神话传说，饶有文学意味。如说"廉州海中，常有浪三口连珠而起，声若雷轰，名三口浪"。相传旧有九口，马伏波射减其六。予有《伏波射潮歌》云：

后羿射日落其九，伏波射潮减六口。

海水至今不敢骄，三口连珠若雷吼。[2]

海洋中水族滋繁。《广东新语·鳞语》介绍这些海洋生物，不少是拟人化了的形象。如说"南海，龙之都会……新安（深圳）有龙穴洲，每风雨即有龙起，去地不数丈，朱鬣金鳞，两目烨烨如电，人与龙相视久之弗畏也"。[3]宣统《东莞县志》记叙靖康海市在合连（澜）海[4]的海面上常出现海市蜃楼之现象："尝有积气如黛，或如白雾，鼓舞吹嘘，倏忽万化。其城阙、楼台、塔庙诸状，人物、车骑，错出于层峰叠巘之间，尤极壮丽。舟行其中，弗见也。自外望之，变幻斯见。即之辄远，离之

---

1 季羡林：《中印文化交流》，新世界出版社，2017年，第262页。

2 （清）屈大均著、李育中等注：《广东新语注》，广东人民出版社，1991年，第120页。

3 （清）屈大均著、李育中等注：《广东新语注》，广东人民出版社，1991年，第484页。

4 按：虎门与龙穴岛之间的大海。

复近。虽大风雨不能灭，人以为蛟蜃之气所为云。"[1]《广东新语》云："海市多见于靖康场，当晦夜，海光忽生，水面尽赤，有无数灯火往来，螺女鲛人之属，喧喧笑语，闻卖珠、鬻锦、数钱、量米声，至晓方止。"[2]此情景，当是滨海某一圩市交易在天上投影。举凡这类描述在《广东新语》中大不乏其例，《广东新语》可以说是集海洋文学之大成者。

清中叶，诞生了一部以游历海外见闻为内容的长篇小说——《镜花缘》，作者李汝珍（约1763—1830年），其充满罗曼蒂克情调和五彩缤纷的海外故事，使它至今仍广为流传，在中国海洋文学上独步古今。唐宋以来南海航行不断发展，积累和传播着许多有关海上航行和异国他乡的故事，经作者的艺术加工，即成为一部部脍炙人口文学作品。其中有一段《蛇珠》故事，即发生在郑和下西洋途中。其说："永乐中，下洋一兵病痁，殆死。舟人欲弃海中，舟师与有旧，乃乞于众，予锅釜衣粮之属，留之岛上。甫登岛，为大雨淋漓而愈，首遂觅嵌岩居焉。岛多柔草佳木，百鸟巢其中，卵壳布地，兵取以为食，旬月体充。闻风雨声自海出，暮升旦下，疑而往觇焉。得一径如蛇之出入者，乃削竹为刃，伺蛇升讫，夜往插其地。乃晨，声自岛入海，宵则无复音响。往见，腥血连延，满沟中皆珍珠，有径寸者。盖蛇剖腹死海中矣。其珠则平日所食蚌胎云。兵日往拾，积岩下数斛。岁余海还，兵望见大呼救济。内使哀而收之，具白其事，悉担其珠入舟，内使分予其人十之一。其人归成富翁。"[3]这个因祸得福的士兵，最后成为富翁，反映了明代资本主义萌芽时期部分人"以海为商"发财致富的愿望，是海洋文化一个最好脚注。

鸦片战争以后，出洋的人越来越多，对南海和域外的了解也是越来越扩大和深入，这方面的著作空前增多，内中夹杂的文学成分也呈上升

1　张铁文：《东莞风情录》，广东人民出版社，2015年，第155页。

2　（清）屈大均著、李育中等注：《广东新语注》，广东人民出版社，1991年，第486页。

3　《冶城容论·蛇珠》。转见宋正海：《东方蓝色文化——中国海洋文化传统》，广东教育出版社，1995年，第166页。

趋势。一些中国人，受西方海洋文化影响，也在他们著作中反映了强烈的海洋意识，描绘了许多新发现大陆的自然、人文景观，极富游记文学色彩。

清代出洋涉海游记，地方志中也有不少海洋文学成分。如清初福建同安人陈伦炯，父亲出过外洋，他从父辈和出洋商贾访谈中积累不少材料，撰成《海国闻见录》，首次将南海诸岛分成四大岛群，并补充介绍东南亚和欧洲各国状况，将南海沿岸一些地文景观也收录其中。如记北部湾钦廉沿海，"自廉之冠头岭而东，白龙、调埠、川江、永安山口、乌兔，处处沉沙，难以名载；自冠头岭而西，至于防城，有龙门七十二径，径径相通。径者，岛门也。通者，水道也。以其岛屿悬杂，而水道皆通。廉多沙，钦多岛"。[1] 龙门七十二径后成为北部湾著名风景名胜区，该书文学式的描述是起了先导作用的。又对七洲洋（即西洋群岛）白腹鲣鸟有所记载，书中称："七洲洋中有一种神鸟……名曰箭鸟。船到洋中，飞而来，示与人为准，呼号则飞而去。间在疑似，再呼细看，决疑仍飞而来。""相传王三宝下西洋，洋鸟插箭，命在洋中为记。"[2] 海鸟与航海家可以对话，导航，被誉为"神鸟"，披上一层神话色彩。

南海周边国家很多，相互间和平友好往来，历史从未中断。在外国使节、旅行家、教士、海员的日记中，也记录了这些往来的壮阔行程。乾隆四十六年（1781年），暹罗（泰国）使者丕雅·摩诃·奴婆来中国，途径越南中部海域（今广东群岛附近），作《广东纪行诗》曰：

> 二日揖山光，山影连绵长。
> 前进复二日，始达外罗洋。
> 自此通粤道，远城迷渺茫。
> 滨海皆大郭，处处进例香。

1　（清）陈伦炯：《海国闻见录·天下沿海形势》，清乾隆年间刻本。

2　（清）陈伦炯：《海国闻见录·南洋记》，清乾隆年间刻本。

> 横山迤逦至，地属越南邦。
>
> ……
>
> 道是中华土，闻之喜洋洋。[1]

这首优美动人的诗歌，不但展示了北部湾海岸壮丽风光，而且作者正确地指出外罗洋一带为中越两国水域的分界线，具有重要的海洋国土意义。

2. 地图中海洋文学艺术

地图是地理学的第二语言，它用方位、比例尺、符号、线条、数字、颜色等表示地理现象，达到科学、艺术完美的统一与和谐，故地图也是一种艺术品。特别是在经纬度、等高线等用于制图之前，我国地图往往与山水画联在一起，以图画的形式表示山川河流、海岸、洲岛、滩涂、大海和人类活动，虽欠精审，但富于美学情趣，反映了作者的情感、爱好，也是一种高雅的艺术品，给人以美的享受。举凡一些庄重的场合，往往以地图为背景，以获取广阔的空间感受和艺术感染力。地图还代表疆域、版图。在古代，献图等于献城，故有荆轲刺秦王，"图穷匕见"的史实。古代航海需要海图作为工具，以确定船舶所在的方位、距离、航向等。据载，汉代已有"天子受四海之图籍"[2]之说，但未能以实物为凭，直到1973年长沙马王堆3号汉墓出土我国最早的一幅地图——《西汉初期长沙国南部地形图》。这也是南海作为海域第一次出现在我国地图上。图上南海已通珠江口，珠江口很大，是一个溺谷湾，用全黑色小半圆形表示。珠江几条支流流入，背后是闭合曲线并加晕线表示的南岭山地，呈鱼鳞状，峰峦起伏，逶迤连绵，非常复杂，加上用圈形符号表示的众多居民点，使这幅地图达到很高的测量、绘图科学水平。又因其水系清

1　姚楠、许钰编译：《古代南洋史地丛考》，上海商务印务馆，1958年，第89—90页。

2　班孟坚：《东都赋》。转见中国科学院自然科学史研究所编：《中国古代地理学史》，科学出版社，1984年，第290页。

晰、河口宽广、河海一体，表示了丰富的海洋意象，不失为南海海图中蕴涵着文学艺术元素图件之嚆矢。

海图是另一个系统的地图，宋元海运发达，据载有不少海图，惜早已散失。保留至今的有《郑和航海图》共 69 幅，表示了北起辽东湾，南达珠江口以外我国东部近海的航线。每幅图都是用粗线条画出山形，用封闭曲线表示海岛，用圆点表示礁石。在广东海域，则有上下川山（岛）、南海卫、香山所、广海卫、高州、雷州、七洲、铜鼓山、石垒石塘、万山石塘等地名地物，海岸有山峰映衬，组合成海、山、岛、岸、礁、航线等海图格局，充满海洋意象，将大面积海洋空间压缩到一张海图上，给读者以无穷遐想。

清代，广东编纂了大量附有地图的地方志和海防地图，其中大部分为山水画式地图，文学艺术价值有余而科学性不足。这些山水画式地图，实有可鉴赏之处。这些山水画或地图被收入中国第一历史档案馆。广州市档案局（馆）编著《广州历史地图精粹》中的就有 26 幅。[1] 在珠江三角洲范围内的即有《广州府舆图》《顺德县图》《东莞县图》《从化县图》《龙门县图》《新宁县图》《增城县图》《香山县图》《新会县图》《新安县图》等。省图则有《广东省图》《粤东沿海图》《广东水师营官兵驻防图》《广东沿海图》《广东图绘》等，皆以草绿色、淡黄色、淡灰色彩绘山峦、岛屿、林木、草地，浅黄色表示河流，浅灰色或淡黄色上加鱼鳞表示海洋；另用浅灰或灰黑色线条绘画城郭、官署、宝塔、寺院、学校等人文景观。这些图地形地物远近有序，轮廓分明，色调和谐，层次有别，立体感强，完全可当作国画来欣赏。最有意思的一幅《广东图绘》，作者不明，成图约在光绪二十五年（1899 年）前，绘的是广州珠江两岸风光。图北部为隐隐山峰，应为白云山、越秀山，中为官署，为西式建筑，顺山麓到江边布局，红棉高耸其中，街道东西延伸，

1　中国第一历史档案馆、广州市档案局（馆）、广州市越秀区人民政府编著：《广州历史地图精粹》，中国大百科全书出版社，2003年。

当为惠爱路（今中山路）。下部为海，即珠江（广州人称河为海），河面上有古老疍艇、单桅和三桅帆船，也有冒着黑烟轮船，飘扬着英国米字旗、法国三色旗等，一幅百舸争流之江景，[1]复原了100多年前广州这座海河港城市的风貌。其中规模最大的是长卷画式的《广东水师营官兵驻防图》，纵0.32米，横5.6米，东起汕头南澳岛，西到今广西东兴街，展现了包括海南岛在内的南海北部海岸的自然、人文、特别是海防布局情况。这不仅是一幅海陆军用地图，而且是一幅淡黄色水彩画、万里海疆图，是广东古地图中的珍品，现存于中国第一历史档案馆。

辛亥革命前后，经纬度制图已完全取代了传统的"计里画方"制图，所绘制的地图更为科学、准确，山水画式的地图自此完全退出历史文化舞台，地图中的海洋文学艺术也画上了一个句号。

（三）吟哦海上丝绸之路的诗歌

南海苍茫、壮阔、神秘莫测；万类滋繁，出产丰饶；舟楫交击，风烟万里，古往今来，激起多少人的敬畏、遐想和吟哦，留下宝贵的诗篇。特别是岭南历为封建王朝贬谪罪臣和不同政见者之地，他们面对南海滚滚波涛，家国情怀，个人命运，集于一身，大海意象，灌满心胸，发之为诗，成为海洋文学千古绝唱。而这一切都属海上丝绸之路的文化遗产，在南海海洋文化史占有崇高地位。

1. 唐以前的歌颂海上丝绸之路的诗歌

唐代以前，岭南开发程度很低，土著文化居主流地位，南来汉人尚少，所见仅是南海边缘。现存诗作多与开拓疆土、海上贸易相关。汉代流传下来谚语："欲拔贫，诣徐闻。"[2]即说明要脱贫致富，应到徐闻港做海上生意，这与《汉书·地理志》记载西汉海上丝绸之路从徐闻、合

---

1 中国第一历史档案馆、广州市档案局（馆）、广州市越秀区人民政府编著：《广州历史地图精粹》，中国大百科全书出版社，2003年，第79页。

2 见（唐）李吉甫：《元和郡县图志》阙卷佚文卷三。

浦港出发远航东南史实相合。

汉代中国版图扩展到南海北岸，汉杨雄《交州箴》歌颂了汉王开疆辟土、外夷献贡之功：

> 交州荒裔，水与天际。
> 越裳是南，荒国之外。
> 爰自开辟，不衰不绊。
> 周公摄祚，白雉是献。
> ……
> 大汉受命，中国兼该。
> 南海之宇，圣武是恢。[1]

交州是汉帝国最南疆土，北方人南下到此为止，很多人为贸易而来。晋宋间处士王叔之《拟古诗》有云：

> 客从北方来，言欲到交趾。
> 远行无他货，惟有凤皇子。[2]

按凤皇子指珍稀物品，为中原北方垂青，是南海贸易主要对象之一，印证"以海为商"特征海洋文化已在南海兴起。

2. 唐宋元高歌壮唱海上丝绸之路

唐帝国空前强大，"广州通海夷道"开通，南海贸易、军事、宗教、文化往来一片兴旺，这都成为南来诗人创作源泉，反映在他们的诗作中。这其中有刘禹锡《南海马大夫远示著述兼酬拙诗辄著微诚再有长句时蔡戎未弭故见于篇末》诗云：

1　（北宋）欧阳修等：《艺文类聚》卷六。

2　（北宋）欧阳修等：《艺文类聚》卷九十。

> 汉家旄节付雄才，百越南溟统外台。
> 身在绛纱传六艺，腰悬青绶亚三台。
> 连天浪静长鲸息，映日帆多宝舶来。
> 闻道楚氛犹未灭，终须旌旆扫云雷。[1]

此诗所写，与《唐大和上东征传》所载，"（珠江）中有婆罗门、波斯、昆仑等大舶不知其数，并载香药、珍宝，积载如山"[2]相符。唐宋八大家之首的韩愈，两度贬岭南，在《送郑尚书赴南海》诗中亦是一派海上贸易的意景：

> 番禺军府盛，欲说暂停杯。
> 盖海旌幢出，连天观阁开。
> 衔时龙户集，上日马人来。
> 风静鶗鴂去，官廉蚌蛤回。
> 货通师子国，乐奏武王台。
> 事事皆殊异，无嫌屈大才。[3]

岭南有如此众多宝货、奇风异俗，郑尚书（郑叔）到此为官，也不枉"潇洒走一回"。另一位诗人韦应物《送冯著受李广州署为录事》也是反映海上贸易的名作：

> 大海吞东南，横岭隔地维。
> ……

1　（唐）刘禹锡著、瞿蜕园校点：《刘禹锡全集》，上海古籍出版社，1999年，第282页。

2　真人元开：《唐大和上东征传》，中华书局，2000年，第74页。

3　（唐）韩愈：《韩愈集》，黑龙江人民出版社，2005年，第154—155页。

百国共臻奏，珍奇献京师。[1]

在唐人诗作中，常见"海舶""海船""渡海""穿海""入海"等用词，如贯休"金柱根应动，风雷舶欲来"；[2] 王建"金贱海船来"[3]，陆龟蒙"城连虎踞山图丽，路入龙编海舶遥"[4] 等，都展示了南海在诗人心目中的崇高地位。当然，卖假货也时有发生，甚至有妇女参加，此举深为诗人元稹痛绝："蛟老变为妖妇女，舶来多买假珠玑。"[5] 想来以次充好、以假乱真之事，古今皆有。

中国商人假道南海之路经商海外，外国商人也大批客居广州等港。南海神庙即为礼拜南海神而建，一些外商身后也被请进庙中供奉。在南来广州唐人中，这类诗歌也占相当比例。如李群玉《凉公从叔春祭广利王庙》曰：

> 龙骧伐鼓下长川，直济云涛古庙前。
> 海客敛威惊火旆，天吴收浪避楼船。
> 阴灵向作南溟主，祀典高齐五岳肩。
> 从此华夷封域静，潜熏玉烛奉尧年。[6]

大诗人白居易《送客春游岭南二十韵 因叙岭南方物以谕之，并拟微之送崔二十一之作》中有"牙樯迎海舶，铜鼓赛江神"[7] 的盛大场面；

1 周振甫主编：《全唐诗（第四册）》，黄山书社，1999年，第1319页。

2 （清）彭定求等编校：《全唐诗》卷八三一。

3 （清）彭定求等编校：《全唐诗》卷二九九。

4 （清）彭定求等编校：《全唐诗》卷六二五。

5 （清）彭定求等编校：《全唐诗》卷四一二。

6 （唐）李群玉等撰，黄仁生、陈圣争校点：《唐代湘人诗文集》，岳麓书社，2013年，第32页。

7 （唐）白居易：《白居易集》卷一，黑龙江人民出版社，2009年，第164页。

一些南蛮女子也加入迎海神队伍。张籍《蛮中》诗云：

> 铜柱南边毒草春，行人几日到金麟。
> 玉环穿耳谁家女，自抱琵琶迎海神。[1]

唐代南洋诸岛一些黑人随海舶来岭南，在广州当家奴的不少，时称为"昆仑奴"。诗人对他们很感兴趣，张籍《昆仑儿》诗曰：

> 昆仑家住海中洲，蛮客将来汉地游。
> 言语解教秦吉了，波涛初过郁林州。
> 金环欲落曾穿耳，螺髻长卷不裹头。
> 自爱肌肤黑如漆，行时半脱木绵裘。[2]

取道南海西行求法的高僧，以义净为代表，但海外生活也充满忧愁，时间一久，更思念故国。义净《在西国怀王舍城》诗云：

> 游，愁。
> 赤县远，丹思抽。
> 鹫岭寒风驶，龙河激水流。
> 既喜朝闻日复日，不觉颓年秋更秋。
> 已毕耆山本愿城难遇，终望持经振锡住神州。[3]

1　王启兴主编：《校编全唐诗（中）》，湖北人民出版社，2001年，第1731页。

2　廖子良编著：《广西地域文化和地区百科全书》，广西师范大学出版社，2014年，第158页。

3　（清）彭定求主编，陈书良、周柳燕选编：《御定全唐诗简编》下，海南出版社，2014年，第1985页。

在唐代涉海诗句中，最有气派和激情，为后人赞叹不已的当为曲江诗人张九龄的《望月怀远》，诗云：

> 海上生明月，天涯共此时。
> 情人怨遥夜，竟夕起相思。
> 灭烛怜光满，披衣觉露滋。
> 不堪盈手赠，还寝梦佳期。[1]

"海上生明月，天涯共此时"被喻为珠江海洋文化风格代表，与李白"黄河之水天上来，奔流到海不复回"所代表的神圣、永恒黄河文化，苏东坡"大江东去，浪淘尽，千古风流人物"所代表的慷慨、风流的长江文化迥然不同，更彰显南海海洋文化"有容乃大"的博大精神特质与风格，已成为千古绝唱。

宋代岭南开发进入高潮，南海海上丝绸之路的兴盛发达又胜过唐代。除广州港市之外，还兴起潮州、阳江、雷州、海口等港市，更有一批又一批中原文人墨客到来，歌颂南海和海上商贸的诗歌佳作迭出，其作者不少是岭南人，标志着南海海洋文化进入一个新历史时期。

南洋诸国皆以广州为舶薮，正所谓"巨舶通蕃国，孤云远帝乡"，[2] "外国衣装盛，中原气象非"，[3] "万顷黄湾口，千仞白云头，……极目远烟外，高浪舞连艘"[4] 等，烘托出广州的贸易地位。广州珠江边建有共乐楼，

1　（清）温汝能纂辑：《粤东诗海》卷一，中山大学出版社，1999年，第17页。

2　（北宋）张俞：《广州》。转见许吟雪、许孟青编著：《宋代蜀诗辑存》，四川大学出版社，2000年，第141页。

3　（北宋）陶弼：《广州》。转见广州市越秀区人民政府地方志办公室、广州市越秀区政协学习和文史委员会主编：《越秀史稿》第二卷，广东经济出版社，2015年，第133页。

4　（南宋）李昴英：《水调歌头·题斗南楼和刘朔斋韵》。转见广州市地方志办公室编：《南海神庙文献汇辑》，广州出版社，2008年，第235页。

接待外国客商。程师孟《题共乐亭》诗传诵至今。诗曰：

> 谁共吾民乐此亭，使君时复引双旌。
> 千门日照珍珠市，万瓦烟生碧玉城。
> 山海是为中国藏，梯航犹见外夷情。
> 往来须到阛边住，为恋清风不肯行。[1]

外舶多停靠在南海神庙前，黄木湾内，南海神庙遂成为诗人最神驰之地，留下诗作也最多，苏东坡《浴日亭》、杨万里《南海东庙浴日亭》、唐庚《送客之五羊二首》、方信孺《南海百咏·南海庙》和《南海百咏·浴日亭》、葛长庚《题南海祠》等皆为代表作。其中杨万里诗至为雄豪，海洋意象十分壮阔。其诗云：

> 南海端为四海魁，扶桑绝境信奇哉。
> 日从若木梢头转，潮到占城国里回。
> 最爱五更红浪沸，忽吹万里紫霞开。
> 天公管领诗人眼，银汉星槎借一来。[2]

另写广州导航标志的怀圣塔、蕃坊、蕃人冢以及街市风光等的诗词实难以历数，其都凸现了广州在南海海上丝绸之路上至高无上的地位。

宋代海康（今雷州）仍是海上丝绸之路转运口岸，苏辙曾被贬至此，居住在城东门楼，诗云：

> 飓风不作三农喜，舶客初来万物新。
> 归去有时无定在，漫随俚俗共欣欣。[3]

1　（北宋）程师孟：《题共乐亭》。转见叶曙明：《广州河涌史话》，广东人民出版社，2017年，第60页。

2　（南宋）杨万里：《诚斋集》卷十七，《南海集》。

3　（北宋）苏辙：《栾城后集》卷二。

海上贸易给当地带来一片生机，诗人忘却忧愁，与俚人共欢此情此景，溢于言表。

宋代海口，不仅与广州，而且与南海诸国海上贸易频繁，地位十分重要。浙江宁波人孝宗时进士楼钥《送万耕道帅琼管》诗，即表达了海南岛这种海洋交通地位，其中云：

> 流求大食更无表，舶交海上俱朝宗。
> 势须至此少休息，乘风径集番禺东。
> 不然舶政不可为，两地虽远休戚同。[1]

总之，宋代两广沿海映入眼帘的尽是远航商船："须臾满眼贾胡船，万顷一碧波黏天"[2]为海上丝绸之路兴旺的写照。

元代海运大兴，与广州有商贸关系的国家和地区达146个[3]之多。下西洋诗作也蔚为大观。汪大渊《岛夷志略·舟人往西洋》谚云："上有七洲，下有昆仑。针迷舵失，人舟孰存。"[4]指南针自宋代开始就应用于航海，但南海海况复杂，指针稍有不灵，即有舟覆人亡之险。尽管如此，也阻挡不住南海上千帆竞发的航程。元代广州仍为仅次于泉州的大港，广州宣慰使郭昂《客广州有怀》曰：

> 榔叶飘香集瘴烟，满城寒雨着绵天。
> 标幡未挂禺山上，石鼓犹鸣莞县边。
> 蛮草任肥嘶代马，朔风偏喜过番船。

1　（宋）楼钥：《玫愧先生集》卷三。

2　（南宋）杨万里：《诚斋集》卷十七，《南海集》。

3　（南宋）陈大震：《南海志》卷七。

4　转见陈永正编注：《中国古代海上丝绸之路诗选》，广东旅游出版社，2001年，第101页。

越楼东畔珍珠市，惆怅当时一惘然。[1]

安南（今越南）是海舶出洋第一站，诗作者曾历其境写道：

过尽千崖与万沙，夕阳渺渺尚无涯。
伏波从此休标柱，子却安南是一家。

元代安南重归元版图，东汉马援征交趾成历史烟云，发展海上贸易才是正道。为此，诗作者号召：

万里梯航动一时，民间百色要支持。
今年已过明年看，活得人家更有谁。[2]

一些人随海舶下南洋，记下异国风情，浙江人陈樵《海人谣》即为中南半岛、东南亚一带居民的风土生活写实：

海人蛮奴发垂耳，朝朝采宝丹涯里。
夜光盈尺出飞鱼，柏叶双珠寒蕊蕊。
幽箾连钱生绿花，切玉蛮刀如切水。
九译来朝万里天，北风不动琅玕死。[3]

在很多往来官员，诗人的诗词歌赋中，南海风光、权益总是一个不

1　转见陈永正编注：《中国古代海上丝绸之路诗选》，广东旅游出版社，2001年，第103页。

2　（元）郭昂：《军前九首》。转见陈永正编注：《中国古代海上丝绸之路诗选》，广东旅游出版社，2001年，第103页。

3　（元）陈樵：《海人谣》。转见陈永正编注：《中国古代海上丝绸之路诗选》，广东旅游出版社，2001年，第108页。

衰的主题，显示了元代南海海洋文学熠熠光芒。江西人王沂《送傅与砺佐使安南》诗即为一例：

> 光色动南溟，六星逐使星。
>
> 鸡林传秀句，铜柱勒新铭。
>
> 落日鲸波白，春风瘴海青。
>
> 请缨应幕下，拭目待云軿。[1]

3. 明清海上丝绸之路鼎盛时期的诗歌

明清大部分时间严行海禁，但仍保留广州一口对外通商。明末以降，西风东渐开始，西方传教士、商人等相继藉海道来华，首途广东。明中叶，澳门成为中西文化交流基地，加速了海上贸易发展。故明清涉海或直接写海的诗歌无论内容之广泛，数量之众多，皆超过历代各朝。据陈永正《中国古代海上丝绸之路诗选》统计，收入该书的 419 首诗中，明诗 39 首，清诗 239 首，合 278 首，占全书 66%。[2] 这在一定程度上说明南海海上丝绸之路进入全盛时期，迎来涉海诗歌辉煌的金秋。爱海、颂海、卫海、开海、耕海的，上自天子，下至黎民，都以各自的方式倾注了对海洋的满腔情怀，表现出了高尚的格调。

明朝定鼎之初，朱元璋父子即把目光转向南海。明太祖亲自赋诗 10 首，送给出使安南使臣，并寄以开展贸易的厚望，其中《闻人岭南郊行》诗云：

> 极目山云杂晓烟，女萝遥护岭松边。
>
> 陆行尽服岚霞气，水宿频吞虬蜃涎。

1　（元）黎崱：《安南志略》卷十七。转见陈永正编注：《中国古代海上丝绸之路诗选》，广东旅游出版社，2001年，第115页。

2　陈永正编注：《中国古代海上丝绸之路诗选》，广东旅游出版社，2001年，第16页。

晨仰际峰观拥日，暮看临海泊来船。

信知百越风尘异，黑发人居不待年。[1]

又《赐张以宁诗》也是告诫出使者对外夷"执之以大义，守之以法度，使安南复命而后降印……我以宁非独抱忠贞而使能其事者，速能化夷行中国之礼，可谓智哉"。[2]其《念以宁涉江海》诗云：

……

离马乘舟涉大洋，风号帆挂几寻樯。

巨鳌闻诏冲前浪，渊底雄蛟翊驾航。

舵转水鸣声霹雳，蚌开珠拥海云光。

我臣劲节遐方静，好把丹衷奉上苍。[3]

永乐帝既命郑和七下西洋，外国纷纷前来进贡，其中有满剌加国（马六甲）"永乐三年九月至京师，帝嘉之，封为满剌加国王，赐诰印、采币、袭衣、黄盖、复命（尹）庆往。其使者言：'王慕义，愿同中国列郡，岁效职贡，请封其山为一国之镇'。帝从之，制碑文，勒山上，末缀以诗曰：

西南巨海中国通，输天灌地亿载同。

洗日浴月光景融，雨崖露石草木浓。

金花宝钿生青红，有国于此民俗雍。

1　（明）朱元璋撰、胡士萼点校：《明太祖集》，黄山书社，1991年，第443页。

2　（明）张以宁著、游友基编：《翠屏集》，鹭江出版社，2012年，第238页。

3　（明）张以宁著、游友基编：《翠屏集》，鹭江出版社，2012年，第238—239页。

> 王好善义思朝宗，愿比内郡依华风。
> 出入导从张盖重，仪文襐袭礼虔恭。
> 天书贞石表尔忠，尔国西山永镇封。
> 山君海伯翕扈从，皇考陟降在彼穹。
> 后天监视久弥隆，尔众子孙万福崇。"[1]

这是中外和平友好往来的见证。

广州始终是诗人笔下描绘的港口城市，最有代表性的莫过于明万历年间番禺诗人韩上桂的《广州行呈方伯胡公》诗云：

> ……
> 江边鼓吹何喧阗，商航贾舶相往旋。
> 珊瑚玳瑁倾都市，象齿文犀错绮筵。
> 合浦明珠连乘照，日南火布经宵然。[2]

明万历十九年（1591年）诗人汤显祖贬徐闻典史，路过广州，见广州商人乘海舶远行情景，赋《看番禺人入真腊》诗：

> 合槟榔舶上问郎行，笑指贞蒲十日程。
> 合不用他乡起离思，总无莺燕杜鹃声。[3]

时葡萄牙人入居澳门已有一段时间，汤显祖在澳门所见，一派西洋风光，《香岙逢贾胡》云：

1　林远辉、张应龙编：《中文古籍中的马来西亚资料汇编》，马来西亚中华大会堂总会，1998年，第354页。

2　广东省地方史志编纂委员会编：《广东省志·丝绸志》（下），广东人民出版社，2004年，第898页。

3　龚重谟：《汤显祖大传》，北京燕山出版社，2014年，第112页。

不住田园不树桑，珧珂衣锦下云樯。

明珠海上传星气，白玉河边看月光。[1]

利玛窦入粤，是中西文化交流史上一件破天荒大事。浙江人进士李日华《赠利玛窦》，充满了对这位中西文化交流先驱的崇敬之情：

云海荡朝日，乘流信彩霞。

西来六万里，东泛一孤槎。

浮世常如寄，幽栖即是家。

那堪作归梦，春色任天涯。[2]

中西贸易以广州十三行为代表，屈大均最早把十三行入诗，为广东以海为商海洋文化及其经济效益的最好明证：

洋船争出是官商，十字门开向二洋。

五丝八丝广缎好，银钱堆满十三行。[3]

面对西洋贸易背后的威胁，屈大均早有觉察，在《澳门》中指出：

广州诸舶口，最是澳门雄。

外国频挑衅，西洋久伏戎。

兵愁蛮器巧，食望鬼方空。

1　黄雨选注：《历代名人入粤诗选》，广东人民出版社，1980年，第338页。

2　孙文光编：《中国历代笔记选粹》（下），华东师范大学出版社，1998年，第1547页。

3　方志钦、蒋祖缘主编：《广东通史》（古代下册），广东高等教育出版社，2007年，第796页。

肘腋教无事，前山一将功。[1]

随着中西文化交流的加强，西方科技文化也最早传入岭南，包括自鸣钟、千里镜、显微镜、西洋画、西洋音乐、医药、饮食、服饰、作物等，时被称为"奇技谣巧"，对中华文化发展是起了巨大推动的。这些西方科技文化，使人耳目一新，因而时时涌上诗人笔端。如风琴在澳门为常奏乐器，梁迪《西洋风琴》诗云：

奏之三巴层楼上，百里内外咸闻声。
声非丝桐乃金石，入微出壮盈太清。[2]

明末传入烟草，初时禁抽，犯者处以重刑，后弛禁，清初已大行其道，连妇女也加入其中。梁锡珩《偶咏美人吃烟》诗曰：

前身合是步非烟，弄玉吹箫亦上天。
红绽樱桃娇不语，玉钩帘外晚风前。[3]

唐代罂粟已传入我国，但仅作药用和观赏，后先是葡萄牙，继为英国人从中提炼鸦片，并大量输入我国，广东是首选之区。乾隆时顺德人罗天尺首先预感到它的危害，作《鸦片诗呈锦州高明府》诗曰：

岛夷有物名鸦片，例禁遥颁入贡槎。
破布叶醒迷客梦，阿芙蓉本断肠花。
何期举国如狂日，尽伴长眠促岁华。

1　（清）屈大均：《翁山诗外》卷九。转见黎小江、莫世祥主编：《澳门大辞典》，广州出版社，1999年，第796页。

2　方豪：《中西交通史》（下），上海人民出版社，2015。

3　（清）梁锡珩：《非水舟遗集》卷一。

　　　　醉卧氍毹思过引，腥烟将欲遍天涯。[1]

　　罗天尺的先见之明不到 100 年即为鸦片战争所验证，西方列强最终以坚船利炮打开清帝国大门，并将之变为自己的半殖民地。自此，以和平友好往来为标志的海上丝绸之路历史宣告结束。代之而起的一方面是西方列强对南海的掠夺和征服，另一方面是中国人民、特别是岭南人民捍卫国家领土主权反对外来侵略势力的斗争，由此涌现出许多可歌可泣的人和事，谱写了近代南海海洋文学的新篇章。

（四）海洋俗文学

　　俗文学即通俗文学、民间文学、大众文学，以区别于高雅文学，包括神话故事、歌谣、谚语、俗行小说、民间戏曲、说唱文学等。俗文学产生流布于民间，最贴近群众，因而有广泛社会基础，为群众喜闻乐见。世世代代生活在南海地区的岭南人，以简单、朴素的各种方式，表达他们对大海的真挚感情、期望、猜测和联想，是为南海海洋文学，构成了南海海洋文化一个最生动活泼、拥有最大受众群体的文化组成成分，非常值得珍视。

　　1. 神话传说

　　岭南人亲海，自古就流传着关于大海的神话与故事。珠江河口古代直深入广州城下江面甚宽，广州人称"江"为"海"，至今仍保留过江曰"过海"，河边曰"海皮"的习惯。至"珠江"得名，也来于神话。南宋方信孺《南海百咏》云：

　　"走珠石在广州河南。旧传有贾胡自异域负其国之镇珠逃至五羊。国人重载金宝坚赎以归，既至半道海上，珠复走还，径入石下，竟不

　　1　罗天尺：《瘿晕山房诗删续编》。转见陈永正：《中国古代海上丝绸之路诗选》，广东旅游出版社，2001年，第278页。

可得。至今此石往往有光夜发，疑为此珠之祥。"[1] 诗云：

> 底事明珠解去来，当时合浦已堪猜。
> 贾胡不省何年事，老石江头空绿苔。[2]

珠江的传说，充分显示广州与海上贸易的密切关系。今海珠石已深埋在广州沿江西路之下，但在广州人心中却留下一个美丽传说和集体记忆。

在地质时期形成的南海诸岛，本是珊瑚礁堆积或火山喷发形成的。它们宛如一连串珍珠，散布在南海洋面上。经过民间艺人的加工，为南海诸岛的形成，披上了神话色彩。据《海南岛与南海诸岛的来历》说，有两兄弟阿雷和阿电为争上天庭过好日子，闹得不可开交，激怒了玉皇大帝，玉帝命人一斧劈断了登天的土山，碎片溅落下来，一部分变成南海诸岛，一部分变成雷州半岛。性格暴躁的阿雷住在雷州半岛，所以那里的雷特别多，雷州也由此得名。

海南岛自古生活着黎族同胞，但对他们的来源，科学界即有"大陆说"和"南来说"之争。而神话传说又为此提供另一个版本的解释。据《黥面文身的来历》说，洪水时期人类面临灭顶之灾，世上仅存母子二人相依为命，为人类繁衍，母亲黥面文身与儿子结婚，生儿育女，故后来黎族妇女一直保持黥面文身习俗至今。另据《人类的起源》说，黎族按其文化差异，被分成杞黎、侾黎、本地黎三支系（另一说加上美孚黎、加茂黎），远古时洪水滔天，世界只剩下两兄弟，他们钻进一个大葫芦瓜里得以逃生，后来按照雷公旨意，结为夫妻，生下一男孩。雷公把男孩劈碎，一下子变成四个男孩和四个女孩，第一个是汉人，其余三个分别

---

1 王春瑜主编：《古今掌故》，四川省社会科学院出版社，1986年，第185页。

2 陈永正编注：《中国古代海上丝绸之路诗选》，广东旅游出版社，2001年，第89页。

为杞黎、俐黎和本地黎。他们和四个女孩匹配成婚，世代相传，成为汉、黎族先民。这些传说，反映了母系社会在海南的残余，但却与洪水有关，与海南为海洋包围的地理环境不可分割，海洋意象深深地刻印在人们的潜意识中。

2. 民间歌谣

越人好歌，但越人无文字，后人记录下来的民间歌谣，涉海内容很丰富，是他们靠海吃海生活的心声。

历史早期流传下来的民歌甚少。至南宋淳熙年间（1174—1189 年）广东南恩州（今阳江）人曾跃鳞写过一首《闻西浦渔歌作》，是闻西浦渔歌后"扣舷互答"，可想此歌必相当动人，惜原歌已失传。[1]据阳江文史专家邓格伟先生考证，西浦在今阳江城下濑一带，为疍民集中之地。道光《阳江县志》载"县治八景"即有"西浦渔歌"一景，百姓称为"渔洲晚唱"，是当地歌风最盛之地，皆以耕海为题材，男声女韵，别有风情，至今仍流传多首。兹录二首。

清代阳江贡生林葆莹诗云：

> 刚是推蓬看晚霞，扁舟如叶泊鸥沙。
> 偶来小醉鸣天籁，不觉长歌到月华。
> 钓罢不妨肱作枕，扣船忘却艇为家。
> 曲终鼓枻飘然去，浅渚萧萧芦荻花。

清代阳江廪生冯兰阶也有诗云：

> 烟笼西浦水迢迢，傍晚渔歌乐自饶。
> 红蓼白萍残夕照，歌声一片咽寒潮。[2]

1　叶春生：《岭南俗文学简史》，广东高等教育出版社，1996年，第23页。

2　政协阳江县委员会、阳江县志办公室合编：《阳江文史》，政协阳江县委员会、阳江县志办公室印，1985年第1—2期，第75页。

直抒胸臆，情真意切，至为感人。阳江历为渔歌之乡，古风于今尤烈，绝非偶然也。

后世渔歌广泛流行于南海沿岸和岛上渔农民中，尤以粤东、粤西和海南岛一带至为普及，内容丰富，曲调繁多，充满江海生活情趣和韵味。

渔民风里来，浪里长，生活十分辛苦。中华人民共和国成立前，渔民处于"出海三分命，上岸低头行。日无过夜米，三餐难渡过"的悲惨境遇。[1]

南海周边盐场很多，汉代以来从未停止过开采，但盐丁的生活甚为艰辛，深为社会同情。明嘉靖《新安县志》收录了明代曼叟《盐丁叹》，读罢催人泪下：

煎盐苦，煎盐苦，煎盐日日遇阴雨。

爬硗打草向锅烧，点散无成孤积卤。

旧时叔伯十余家，今日逃亡三四五。

晒盐苦，晒盐苦，皮毛落尽空遗股。

晒盐只望济吾贫，谁知抽簧无虚土。

年年医得他人疮，心头肉尽应无补。

公婆枵腹缺常餐，儿女遍身无合缕。

场役沿例不复怜，世间谁念盐丁苦。

盐丁苦，盐丁苦，盐丁苦事应难数。

豪商得课醉且歌，总摧得钱歌且舞。

盐丁苦状类圈羊，群恶宣骄猛如虎。

何时天悯涸辙鱼，清波一挽沧溟溥。[2]

1　汕头市水产局编：《汕头水产志》，《汕头水产志》编写组印，1991年，第89页。

2　宝安县地方志编纂委员会编：《宝安县志》，广东人民出版社，1997年，第865页。

哪里有压迫，哪里就有反抗。深圳《咸海谣歌》把盐民这种积怨和反抗情绪表达得淋漓尽致：

条科罪犯煎盐律，役满宁家应计日。
盐丁生本是平民，终日煎办无优恤。
……
奈何行法遇非人，自叹盐丁生不辰。
户口伪增为足额，混差民灶不相分。
重磨迭害因消索，悍差催盐如虎狼。
冻雀何必恋绀干，愤飞都向生处乐。[1]

盐丁就像冰冻的麻雀，任人宰割，他们忍无可忍，希望冲出牢笼，向他处投生，但这又谈何容易！

盐丁苦固不待言，而渔家妇女处在社会底层，受最深重的压迫，除了繁重的体力劳动以外，还带着沉重的精神枷锁。她们情愿"下船流过海""下海嫁鱼虾"，也不愿意就范封建婚姻。流行于海南陵水、乐东一带一首渔歌曰：

父母强迫女不嫁啦，女就日夜闷成病。
情愿天上嫁明月，情愿下海嫁鱼虾。

但对于自己心仪的婚姻，渔家女却又是一往情深、决不回头的。例如汕头的一首渔歌即表达了这种情感：

兄今有心妹有心，有心唔怕水路深。
山高也有人开路，水深也有划船人。

1　邓格伟：《梦罾集》，（香港）中国评论学术出版社，2005年，第185—186页。

另一首海南渔歌也十分感人：

> 有心呢来相挂啦，鱼在深渊用网拉。
> 有心捉鱼（呢）不怕冷。

还有采用双方对答"猜歌"形式的渔歌，更富韵味：

> 你知乜个直溜溜？你知乜个海底泅？
> 你知乜个随风走？你知乜个独条须？
> 我知支桅直溜溜。我知支舵海底泅。
> 我知大帆随风走。我知锚索独条须。

古代有些歌谣，涉海反映气象和气候的也不少，有些后为气象气候预报参考。如清杜文澜《古谣谚》说海南岛：

> 海水热，谷不结；
> 海水凉，谷登场。

海水温度季节反常，影响到气候和农业丰歉，谚语科学道理十分深刻。

江海鱼类有洄游规律，渔民在长期生产实践中，摸清了这些规律以便安排作业，总结出一套《渔经》，也是一种渔歌。深圳渔民是这样唱的：

> 春有公鱼百样多，
> 夏有横栅兼海河，
> 秋有花瓶、幼鳞、鱿鱼仔。
> 冬有赤场、鳗鳝、唱歌婆。

广东人很讲究食海产季节性，深圳《食鱼经》即有代表性：

> 河沟相连鱼虾香，麻锯可口真堪尝。
> 人说三分名海味，我说七分山鲶王。
> 三月鲫鱼四月鲶，三薯山珍美海鲜。
> 信是梧桐山味好，河山野处鲜果妙。[1]

山珍海味尽在其中，"食在广东"可见一斑。

3. 岭南涉海竹枝词

竹枝词明清时在岭南达到高峰，既歌咏地方风物，也反映社会民声，抨击时弊，警世讽人。如借广州海珠石传说，提醒世人对洋人贸易应有所警觉：

> 番舶来时集贾胡，紫髯碧眼语喑呜。
> 十三行畔搬洋货，如看波斯进宝图。

也有抨击鸦片战争后，鸦片流毒更甚、害人不浅的：

> 珠海风光又一新，卅年回首不堪闻。
> 自从罂粟花开日，郎貌依腰减二分。

而广东人民对鸦片十分痛恨，对侵略者的反抗是非常激烈和英勇的，梁芳田《羊城竹枝词》写出了广州人这种惊天地、泣鬼神壮举：

> 飞凫一鼓去如风，夫婿家家亦自雄。
> 我愿郎君起舞剑，斩鲸直出虎门东。

1　叶春生：《岭南俗文学简史》，广东高等教育出版社，1996年，第161—162页。

但这类涉海竹枝词，仍以中西贸易、广州、潮州、香港、澳门等港口城市风土景观为主，都具有咸水味。兹列数首如下：

史善长《珠江竹枝词》：

> 金碧洋楼耀眼鲜，旗竿猎猎彩云边。
> 隔人望望灯初上，星斗都疑落九天。

佚名《广州土俗竹枝词》：

> 珠江两岸访青楼，花地潘园任浪游。
> 名胜大通烟雨寺，风光犹胜古琶洲。

按潘园即十三行商人潘仕成所建的"海山仙馆"，时为广州闻名园林建筑。古琶洲在今海珠区，为清代广州外贸港之一。

何信祥《番禺竹枝词》写的是广州人扬帆过番谋生的凄楚心情：

> 侬本珠江江畔生，今年烟景更凄清。
> 扬帆棹去人千里，指点禺山月正明。

罗天尺《珠江竹枝词》借一位妇人口吻，表达了对外洋谋生的丈夫的思念：

> 琶洲塔口月初低，雁翅城头又夕晖。
> 日月西沉有时出，暹罗郎去几时归。

不管怎样，对外开放仍是广州城市的最大特色。春暖花开时节，远涉重洋到来的外舶给广州带来了浓重的海洋气息：

青草年年长越台，鹧鸪啼处木棉开。

花光万点红如火，照见重洋海舶来。

第二次鸦片战争后，汕头开埠，潮梅人多由此由洋，粤东竹枝词也有此题材。一位客家妇女对丈夫思念，也在竹枝词中表现得淋漓尽致：

半肩行李出柴扉，万里重洋竹报稀。

此去发财浑未卜，寄书先问几时归。

柳丝风曳陌头飞，难系游丝信息稀。

燕子似传邻巷意，凤城今早有人归。

郎出门行昨起身，今朝侬去拜花神。

侬郎心事侬私祝，花母花公莫竹人。[1]

清初收复台湾后，粤东人到台湾发展的不少，这在竹枝词中也有所反映，甚为清新隽永，耐人寻味。如佚名《蕉阳竹枝词》云：

黄昏人未掩柴关，明月刚看吐半山。

弦索齐鸣弹板亮，开场先唱过台湾。[2]

廖云飘《镇平竹枝词》云：

五月台湾谷价昂，一车闻说十元强。

澎湖风浪今应静，个个迎门待玉郎。[3]

1 徐续：《岭南古今录》，广东人民出版社，2008年，第364页。

2 汤国云编著：《蕉岭风光名胜游踪》，广东人民出版社，2003年，第229—230页。

3 汤国云编著：《蕉岭风光名胜游踪》，广东人民出版社，2003年，第227页。

港澳竹枝词又有另一番情调，很多内容反映了中西文化在这两个城市碰撞和融合的景观。王轸《澳门竹枝词》云：

> 心病恹恹体倦扶，明朝又是独名姑。
> 修斋欲祷龙松庙，夫趁哥斯得返无。[1]

按"独名姑"为葡语音译，指星期天，龙松庙在澳门西北角，一位葡国少妇既去西方教堂做礼拜，又想到中国庙宇祷告，显示中西文化在澳门珠联璧合。至香港亦如是观，王礼锡《香港竹枝词》曰：

> 欧美新装各自矜，旗装过市亦婷婷。
> 短衫右衽腊肠裤，标准差符生活新。[2]

短袖女装、短裤、西装、旗袍等各种衣着，各行其所，和而不同，展现出了一幅中西文化融合的社会生活图景。

这些涉海竹枝词，从粤东唱到粤西，从大陆唱到海南，充分反映了岭南沿海居民亲海、爱海、怨海等复杂的情怀，再现了港口城市的风土和景观，语言通俗、明快、毫无雕琢，信手拈来，朗朗上口，也是岭南海洋文化务实性的一个表现。

（五）涉海小说、诗歌、电影、雕塑和舞蹈

1. 涉海小说、诗歌

南海的魅力，始终激发着文学艺术家们的创作热情，他们以各种艺术形式，表现人与海洋的血肉关系，讴歌在认识、开发、捍卫南海资源

1　方豪：《中西交通史》，上海人民出版社，2008年，第648页。

2　王礼锡：《王礼锡诗文集》，上海文艺出版社，1993年，第597页。

和权益中涌现的先进人物，塑造了一个又一个光辉的形象，鼓舞人们迈开征服海洋的步伐，为建立海洋强国、实现中华民族的伟大复兴而斗争。这类涉海文学艺术成就，包括小说、雕塑、电影电视等，异彩纷呈，闪烁在南海海洋文化天空。

明清时期，笔记小说在岭南兴盛一时，最有代表性的属屈大均《广东新语》，《广东新语》中"地语""水语""神语""食语""货语""鳞语""介语"等，涉及南海自然、物产、贸易、造船、航海等众多方面，穿插了不少人与海交流、对话的故事，堪可作为笔记、小说欣赏。如说宝安大鱼山（今香港大屿山）一带有怪鱼，"其长如人，有牝牡，毛发焦黄而短，眼睛亦黄，面黧黑，尾长寸许，见人则惊怖入水。往往随波飘至，人以为怪。竞逐之。有得其牝者，与之媱，不能言语，惟笑而已，久之能著衣食五谷"。[1]这可能是一种海洋哺乳动物，被完全人格化，成为海洋社会的一大家族。类似短篇记载甚多，兹不表。清末广东一部著名小说《二十年目睹之怪现状》（作者吴趼人），里面涉海的情节也很多。清朝海军这时已腐透，不堪一击。如写兵舰管带"遥见海平线上一缕浓烟，疑为法兵舰"，慌忙下令开放水门，将舰沉没，坐舢板逃命。[2]这等荒唐之事对清海军是一个绝妙的讽刺，谴责了鸦片战争后，清军无能，自毁长城，自取灭亡的事实。

近现代，岭南人海上活动至为频繁，中外商贸、文化交流也很多，无论是专业还是业余作家的涉海作品，或写海上旅行，海岛、渔村、海滨城市生活；或写捍卫海上国门的战争、军旅生涯等，或充满激情、浪漫、温馨、新奇；或壮怀激烈，荡气回肠，感人肺腑，都令人掩卷长叹。

近年被收入《岭南文化百科全书·文学艺术》的涉海小说，以杜埃《风雨太平洋》（1985 年）、陈残云《热带惊涛录》（1984 年）作为

1　叶灵凤著、余婉霖绘：《香港方物志》，商务印书馆，2017年，第201页。

2　转见陈永正主编：《岭南文学史》，广东高等教育出版社，1993年，第759页。

代表。前者写作者在太平洋战争期间参加菲律宾华侨抗日武装斗争故事，其中有不少南海周边岛国浓郁风土人情、自然风光和战火中的罗曼蒂克故事。著名文艺批评家阳翰笙说："在我国的文学创作中，反映海外华侨组织武装与当地人民一道进行正义斗争的鸿篇巨制，《风雨太平洋》还是第一部。"[1] 后者也是写作者在南洋一带参加抗日武装斗争的故事，同样获得很高评价，两书堪为南海文学双璧。中华人民共和国成立后，涉海小说多取材于海战、海防和渔村里的阶级斗争，颇为闻名的有中长篇小说《海岛女民兵》《螺号》《西沙之战》等。

改革开放以后，涉海小说一改以阶级斗争为主题的局限，题材更加丰富，人物也更加多彩多姿，迎来南海文学阳光灿烂的春天。近年，著名作家朱崇山推出"深、港、澳"三部曲，即写深圳特区建设的《鹏回首》，写香港回归的《风中灯》，写澳门生活和回归的《十字门》三部长篇小说，深刻反映了珠江口三座不同类型的城市的社会生活和变迁，具有很高的文学艺术和社会价值，是涉海文学的瑰宝。

21世纪问世的著名作家洪三泰的长篇小说《女海盗》（2003年），描写了一位雷州半岛巾帼英雄带领当地人民反抗法帝国主义和各种黑社会势力的斗争。小说中翻滚着南海洋面上带血的波涛，再现了中法战争在雷州半岛、在北部湾、在雷州湾的历史画卷，是一部少见的以海洋为背景展开人物活动的杰作，投放市场后很快售罄，彰显了海洋小说顺应了21世纪海洋时代的潮流，正走进千家万户。

2. 电影

电影作为一种新兴艺术形式，对海洋文学也关注有加。在20世纪30年代，由著名编导蔡楚生导演、王人美主演的电影故事片《渔光曲》，描述了一个贫苦渔民家庭的悲惨故事。其深刻的主题、动人的艺术表演和巨大感染力，征服广大观众，1935年获莫斯科国际电影节荣誉奖，

1　岭南文化百科全书编纂委员会：《岭南文化百科全书》，中国大百科全书出版社，2006年，第260页。

也是中国历史上第一部获国际电影奖项的作品。

蔡楚生和王为一编导的《南海潮》电影故事片，描写一个南湾渔乡儿女抗日和反渔霸斗争的故事。在一幅幅南海渔乡风情画中，有情有致地表达了爱国抗暴的深刻主题，具有鲜明的民族化和大众化风格特色，1963 年在全国公演，轰动一时，至今仍令人回味无穷。

另外，饮誉一时的还有电影《南海长城》《南海风云》《南海的早晨》等，皆反映了特定时代的海洋生活和斗争，为时人百看不倦的艺术佳作。

3. 雕塑

雕塑在岭南历史悠久，广见于出土文物和地域建筑。尤其近世以降，受西方文化影响，岭南雕塑洋味十足，但又不失其传统，形成了自己的文化风格。中华人民共和国成立后，岭南雕塑更异军突起，人才济济，不少优秀作品以南海为题材。代表作有唐大禧《海的女儿》、叶毓山设计《北部湾广场雕塑》，潘鹤、殷积余、殷起来《珠海渔女》、潘鹤深圳《开荒牛》、林毓豪《鹿回头》，以及湛江城徽三支帆、三亚天涯海角广场两伏波将军（西汉路博德，东汉马授）塑像等，皆表现了海洋文化、经济结构和海洋历史主题，充满了大海的气势和艺术魅力，都成为城市、广场、旅游景区等标志性建筑物和各种事件的象征，已成为所在地区的一张名片。

4. 舞蹈

在长期的生产实践中，一些涉海的风俗活动经过艺术加工，形成群众性的舞蹈或登上舞台，成为海洋文学艺术的一颗璀璨明珠。这类舞蹈广见于沿海地区，比较有代表性如深圳沙头角鱼灯舞，即以渔灯为道具，配以音乐和锣鼓组成。传 100 多年前沙头角海域出现过一种龙头鱼尾、被称为"黄沥角"的神鱼，每当这种鱼出现，海面就风平浪静，渔船也满载而归。这种传说后被加工、创作为"鱼灯舞"。20 世纪 80 年代在沙头角表演，轰动一时。又湛江东海岛，盛产鱼盐，古代土著居民，性格粗犷、民风剽悍，有角力的风习，后经舞蹈工作者加工成"人龙舞"，龙全由人群组成，含龙头、龙身、龙尾三大部分，少则五六十人，多达数百人。人龙起舞时极为威武壮观,再现了大海的磅礴气势和巨大力量,为当地的一个保留节目,在全国也是独一无二的,曾多次赴广州、北京等城市演出,名动一时,现已成为海洋舞蹈的一个亮点。

其他关于南海的海洋文学艺术作品,浩如渊海,实在一一难以历数。特别是改革开放以来,不但本土文学艺术家在关注海洋文学艺术创作,而且南下作家群体也纷纷加入这个创作队伍。现在虽然也有不少佳作不断问世,但因受多种因素的影响,在很多人的海洋意识还很淡薄的背景下,要创造出有生命力的海洋文学艺术传世之作,仍需倾注更大的努力。

参考文献

【1】广东炎黄文化研究会、阳江市人民政府编：《岭峤春秋——海洋文化论集》，海洋出版社，2003年。

【2】张星烺：《中西交通史料汇编》，中华书局，1977年。

【3】原佛山地区编：《珠江三角洲农业志》（初稿），1976年印。

【4】颜泽贤、黄世瑞：《岭南科学技术史》，广东人民出版社，2002年。

【5】（清）屈大均：《广东新语》，中华书局，1985年。

【6】麦贤杰主编：《中国南海海洋渔业》，广东经济出版社，2007年。

【7】陈代光：《广州城市发展史》，暨南大学出版社，1996年。

【8】陈光良：《海南经济史研究》，中山大学出版社，2004年。

【9】司徒尚纪：《中国南海海洋文化》，中山大学出版社，2009年。

【10】黄启臣、庞新平：《明清广东商人》，广东经济出版社，2001年。

【11】刘正刚：《广东会馆论稿》，上海古籍出版社，2006年。

【12】叶春生：《岭南俗文学简史》，广东高等教育出版社，1996年。

【13】王元林：《国家祭祀与海上丝路遗迹：广州南海神庙研究》，中华书局，2006年。

【14】洪三泰、谭元亨、戴胜德：《开海——海上丝绸之路2000年》，广东旅游出版社，2001年。

【15】蔡鸿生主编：《广州与海洋文明》，中山大学出版社，1997年。

【16】胡朴安：《中华全国风俗志》，中州古籍出版社，1990年。

【17】曾昭璇：《岭南史地与民俗》，广东人民出版社，1994 年。

【18】张寿祺：《疍家人》，（香港）中华书局，1991 年。

【19】司徒尚纪：《中国南海海洋国土》，广东经济出版社，2007 年。

【20】黄新美编著：《珠江口水上居民（疍家）的研究》，中山大学出版社，1990 年。

【21】岭南文化百科全书编纂委员会：《岭南文化百科全书》，中国大百科全书出版社，2006 年。